Carlos Falcó
Marqués de Griñón

Oleum

Die Kultur des Olivenöls

Aus dem Spanischen von Miguel Montfort

| Hoffmann und Campe |

1. Auflage 2012

www.hoca.de
Redaktion: Kersten Albert Wetenkamp
Karten und Grafiken: Peter Palm, Berlin
Satz: atelier eilenberger, Leipzig
Gesetzt aus der Meridien und der Cisalpin
Druck und Bindung: GGP Media GmbH, Pößneck
Printed in Germany
ISBN 978-3-455-50275-6

HOFFMANN
UND CAMPE

Ein Unternehmen der
GANSKE VERLAGSGRUPPE

INHALT

WIDMUNG

Für Marco Mugelli

1989 veröffentlichte ich mein erstes Buch *Entender de Vino* (Wein verstehen). Zu diesem Zeitpunkt hatte ich schon den Entschluss gefasst, ein weiteres Buch mit ähnlichem Aufbau zu schreiben: über das Thema Olivenöl.

Als ich mit dem Olivenölexperten Marco Mugelli in Florenz zusammentraf, änderte dies mein Vorhaben grundlegend: Ohne dieses Zusammentreffen wäre dieses Buch bis hin zu seinem Titel ein ganz anderes geworden. Hierfür gibt es zweierlei Gründe: Erstens wurde ich dank Mugellis Forschungen und unserer engen Zusammenarbeit in den vergangenen zehn Jahren gewahr, dass ausgerechnet der faszinierendste Teil der jahrtausendealten Geschichte des Olivenöls, nämlich die vergangenen vier Jahrzehnte bis zur Gegenwart, noch nie geschrieben wurde. Zweitens haben Zeitschriften wie *Merum* und *Der Feinschmecker* Olivenölskandale aufgedeckt, über die ich im ersten Kapitel schreibe und die einen unerhörten Betrug bedeuten, der in ein solches Buch gehört.

So entstand im Laufe der letzten acht Jahre *OLEUM* – dieses Buch über Olivenöl, das nun deutlich polemischer ausgefallen ist als ursprünglich geplant. Dennoch hat es eine hoffnungsvolle Botschaft für die Zukunft. Marco hat meinen Text um Beiträge zur Historie und mit vielfältigen Vorschlägen bereichert.

Im August 2011 verließ uns der verehrte Freund plötzlich und unerwartet. Marco Mugelli war, wie ich bei seiner Beerdigung in der Kapelle seines Landguts Torre Bianca in der Toskana sagte, ein echter Renaissancemensch. Er ist dem Beispiel seines toskanischen Landsmannes Leonardo da Vinci gefolgt – er ist in neue Gebiete vorgestoßen, er hat Geschichte verändert, er hat Geschichte geschrieben.

Es ist daher nur gerecht, seinem Andenken dieses Buch zu widmen.

Für Xandra Falcó

Meine Tochter Xandra Falcó und ich

Meine älteste Tochter Xandra ist heute Geschäftsführerin unseres Unternehmens, das Wein und Olivenöl produziert. Von klein auf erlebte sie mein Weinabenteuer – von Lese zu Lese. Nach ihrem Studium an drei europäischen Universitäten und mit viel betriebswirtschaftlicher Erfahrung trat sie ins Unternehmen ein. Seitdem gilt ihr Interesse besonders unserem Projekt des Olivenanbaus.

Während der letzten Erntekampagnen erlernte sie an der Seite Marco Mugellis die schwierige Kunst der exakt terminierten Olivenernte und der Pressung in der Ölmühle. Xandra hat an vielen professionellen Verkostungen teilgenommen und unsere Olivenöle Experten und Kunden in Europa, Asien und Amerika vorgestellt und erläutert.

Sie verkörpert die Zukunft des Projekts OLEUM. Auf ihr lasten die Verantwortung und die Hoffnung darauf, dass meine Ziele, dargestellt in diesem Buch, in den nächsten Jahrzehnten des 21. Jahrhunderts erfüllt werden mögen.

Warum schreibe ich dieses Buch? Ich möchte die Menschen darauf aufmerksam machen, welch kostbares »flüssiges Gold« vor ihnen liegt – aus einer langen Tradition kommend und in eine verheißungsvolle Zukunft weisend.

In der Konsequenz möchte ich all jenen, die Oliven anbauen, Oliven zu wunderbarem Öl pressen und Olivenöl bester Qualität verkaufen, Mut machen. Ich weiß, viele Ölproduzenten sorgen sich um die Rentabilität ihrer Olivenhaine und Ölmühlen. Aber ich bin überzeugt, dass qualitativ hochwertige extra native Öle in den kommenden Jahrzehnten große marktwirtschaftliche Möglichkeiten haben werden. Um diese Möglichkeiten auszuschöpfen, ist es von wesentlicher Bedeutung, dass möglichst viele Eigentümer von Olivenhainen und Ölmühlen in den Gegenden mit potenziell hoher Qualität sich wieder auf die uralte Tradition des *pago*-Systems besinnen.

Auch möchte ich, dass der Handel mit Olivenöl wieder glaubwürdig und transparent wird. Die (zwischenzeitlich verloren gegangene) Glaubwürdigkeit ist die Voraussetzung, auf dem Markt wieder Fuß zu fassen und Spitzenöle zu verkaufen wie *premium, super-premium* und *icon,* mit entsprechendem Preisniveau auf Basis von Qualität und Terroir – wie es auf dem Markt für Spitzenweine schon lange gang und gäbe ist!

Sollte ich beide Ziele erreichen, wird es zweifellos dazu führen, dass im Laufe des 21. Jahrhunderts die Mehrheit der Menschen mehr und mehr an der Kultur des extra nativen Olivenöls und seinem Genuss teilhaben werden, der Essenz der mediterranen Diät, die seit kurzem Teil des immateriellen Weltkulturerbes der UNESCO ist.

Umgeben von den Dingen, die mir am Herzen liegen: Wein und Olivenöl von unserem Gut, und passend dazu typisch spanischer *salchichón*

PROLOG

Am Anfang war das Feuer. Seitdem Menschen es gebrauchen, um Fleisch zu braten, können wir vom Beginn der Kultur sprechen. Das Feuer steht wie ein flammendes Zeichen am Beginn der menschlichen Kulturgeschichte, ein Symbol für die Evolution des Menschen weg vom Tier, das nur die lebensnotwendige Nahrungsaufnahme kennt – hin zum denkenden Wesen, das beim Essen Genuss verspüren will. Rasch kamen die Menschen auch hinter das Geheimnis der Töpferei, entstanden aus dem eigentlich ganz prosaischen Stoff des Lehms. Die Menschen der Frühsteinzeit schufen Töpfe, in denen sie so Elementares aufbewahrten wie Wasser, Nahrungsmittel wie Getreide und Brot und zwei besondere Elixiere, aus wilden Früchten gewonnen: Wein und Olivenöl. Beides sollte nachhaltig und entscheidend ihre Lebensqualität verbessern! Das Öl diente in dieser Vorzeit freilich noch nicht wie heute in erster Linie als Nahrungsmittel, sondern auch als Salbe zur Pflege der Haut und Wundversorgung und, noch wichtiger, als Leuchtmittel für die dunklen Hütten. Wir können feststellen: Die Kochkunst, die Medizin, die Kosmetik und das künstliche Licht waren und sind entscheidende Schritte in der menschlichen Kulturgeschichte.

Das Öl ist die einzige Entdeckung des Menschen, die zu allen vier vorher genannten Errungenschaften beigetragen hat. Denken wir zum Beispiel an Hippokrates, den Begründer der Medizin als Wissenschaft – auf der Insel Kos unter einem großen Olivenbaum sitzend: Er empfahl den Gebrauch des Öls für ein langes Leben bei bester Gesundheit wie auch zur Wundheilung. Oder an die beiden verführerischen Königinnen Ägyptens, Nofretete und Kleopatra: Sie verwendeten für ihre Kosmetik parfümiertes Olivenöl. Oder an Homer, Dante, Cervantes, wie sie beim Licht einer Öllampe dichteten.

Die Kultur des Mittelmeerraums, die wir mit Recht als die Wiege der abendländischen Kultur bezeichnen können, verdankt sehr viel von ihrer Blüte dem Olivenöl – und seinem unzertrennlichen Begleiter, dem Wein. Gemeinsam leisteten sie einen grundlegenden Beitrag zum wirtschaftlichen Austausch, der es Phöniziern, Kretern und Griechen erlaubte, inmitten mächtiger Handelsimperien blühende Zivilisationen im östlichen Mittelmeerraum zu erschaffen.

Das Olivenöl stammt, wie sein Name schon sagt, von der Olive und dem Olivenbaum – einem der vitalsten, nützlichsten und letztlich einzigartigen Bäume auf Erden. Seine botanische Vielfalt, seine Fähigkeit, Wetterkatastrophen und sogar Feuer zu trotzen, seine plastische und landschaftliche Schönheit sowie seine Langlebigkeit verleihen ihm seit der Antike einen mythischen Nimbus. Und in der Tat erhoben, wie wir noch sehen werden, sämtliche Religionen des östlichen Mittelmeerraums den Baum und sein Öl in die Sphäre des Göttlichen.

Wir sind heute in ein neues Jahrtausend gestartet. Wir besinnen uns dabei unserer besten zivilisatorischen Traditionen, zu denen die Koch- und Esskultur unbedingt gehört. Dabei klopfen wir kritischer als je zuvor diese Werte daraufhin ab, ob sie der Gesundheit und der Umwelt gerecht werden – was heute unverzichtbar ist. Hier kommt dem Olivenöl ein prominenter Platz zu. Die Wissenschaft hält es gegen jeden Zweifel für ein essenzielles Element der mediterranen Diät, die schon längst als Segen für die falsch ernährten Gesellschaften in den Industrienationen betrachtet wird. Die UNESCO erklärte das Olivenöl zum Weltkulturerbe. Wie selbstverständlich findet Olivenöl seinen Platz in den modernen Gesellschaften, die immer gebildeter, besser informiert und anspruchsvoller werden.

Indes: Olivenöl aus den Discountern, Supermärkten und Feinkostgeschäften ist überwiegend ein industrielles Produkt. Es wird nicht primär in höchster Qualität für den größten Genuss hergestellt, sondern um mit größter Effizienz bei niedrigsten Betriebskosten den attraktivsten, also niedrigsten Preis zu erzielen.

Die Europäische Union hat die Qualitätskategorien des Olivenöls gesetzlich festgelegt. An der Spitze dieser Normen stehen die extra nativen

Am Fuß des über dreitausendjährigen Öl-Methusalems von Anisaraki auf Kreta

Olivenöle, auf dem Etikett auch als Olivenöl *extra vergine* (ital.) oder *virgen extra* (span.) bezeichnet. Sie müssen im Geschmack vollkommen fehlerfrei sein. Als Einzige haben sie in puncto Geschmack und Gesundheit etwas zu bieten.

Überraschenderweise ist ihr Grundpreis im Markt kaum höher als der für einfacheres natives Olivenöl (Kategorie II) oder gar raffiniertes, also thermisch und chemisch aufbereitetes (und damit gänzlich geschmacksneutrales) Olivenöl (Kategorie III). Wie kommt das?

Wir werden mit einer bemerkenswerten Anomalie konfrontiert: Das extra native Olivenöl genießt den Schutz und die Unterstützung der EU – aber auf dem Markt wird das extra native Olivenöl nicht als etwas Besonderes, Hochwertiges, als Delikatesse wahrgenommen und vom minderwertigen einfachen Olivenöl unterschieden. Der läppische Preisunterschied zwischen einfachem Olivenöl – in Deutschland ohnehin kaum im Handel zu finden – und extra nativem Olivenöl spricht eine klare Sprache.

Kein Wunder, dass die Stimmen von Kritikern immer lauter werden, die offizielle Qualitätskontrollen durch geschulte Experten abschaffen wollen. Diese Kritiker sagen, dass die sensorischen Qualitätsprüfer zu oft Fehler in ihren Urteilen machen; ihre Einstufung des Olivenöls sei zu subjektiv.

Mein Freund Marco Mugelli und ich haben immer dagegengehalten: Transparenz war und ist unsere schärfste Waffe für die Qualität des Olivenöls. Profis und Verbraucher müssen optimal informiert werden – damit sich ihr Wissensstand einerseits und ihr Anspruch andererseits vergrößert. So verstärkt sich der Druck auf Produzenten, Händler und Behörden, damit diese einen derart massiven und moralisch nicht akzeptablen Betrug verhindern.

Mit diesem Ziel vor Augen konzentriert sich dieses Buch ausschließlich auf das extra native Olivenöl. Es soll mit Nachdruck verteidigt und im Zweifel rehabilitiert werden. Extra natives Olivenöl, hergestellt auf schonendste und natürlichste Weise, die seinen Segen als Genuss- und Gesundheitsmittel garantiert. Ich bin überzeugt, dass dieses Öl der unbestrittene Held einer jahrtausendealten Geschichte ist, die wir im zweiten Kapitel umreißen werden – und selbstverständlich nicht das Öl aus industriellen Raffinieranlagen oder das Lampantöl, das einst als Leuchtmittel diente und heute keinerlei Berechtigung mehr hat.

Unter diesem Gesichtspunkt beschreibt dieses Buch detailliert (Kapitel 6), wie die Technologie des 21. Jahrhunderts besser als jemals zuvor Olivenöl produzieren kann – eine Revolution, die in der Weinbereitung schon vor drei bis vier Jahrzehnten geschehen ist. Diese Technik schenkt uns ein Öl, das eine größtmögliche Delikatesse und dem Menschen gesundheitlich von größtem Nutzen ist. Die Technik zielt vor allem auf die wertvollen Antioxidantien im Olivenöl ab: den Polyphenolen (im Folgenden auch Biophenole genannt) und weiteren Substanzen wie Tocopherole und Squalen.

Das Ziel ist die antioxidative Extraktion des Olivenöls. Für mich ist das der Beginn einer neuen Etappe in der fünftausendjährigen Geschichte des Olivenöls – aus dem einfachen Grund, dass die neuen extra nativen Olivenöle einen vielfach höheren Gehalt an Antioxidantien erreichen können als die aktuellen Standardabfüllungen auf dem Markt. Die Auswirkungen auf den Geschmack, die Gesundheit und die Haltbarkeit des Öls sind großartig.

OLEUM hat zudem ein weiteres Ziel: Mein Buch soll ein neues Ernährungszeitalter einläuten und beschreiben. Allen an Olivenöl Interessierten, von der Hausfrau bis zum Gastronomen und Ernährungscoach, möchte ich aktuelle, geprüfte und leicht erreichbare Informationen zum Olivenöl geben. Ich möchte auf diese Weise für eine echte Kultur des Olivenöls werben, eine Kultur, die bislang nur dem Wein vorbehalten war – beide Lebensmittel sind gastronomisch und kommerziell seit je sozusagen Geschwister. Ich habe die Gewissheit: Man genießt im vollen Umfang am meisten, was man am besten kennt.

Carlos Falcó, in Zusammenarbeit mit Marco Mugelli

MEIN WEG ZU WEIN UND OLIVENÖL

»Die Völker des Mittelmeerraumes entwickelten sich aus der Barbarei zu einem zivilisierten Volk, als sie lernten, Oliven und Wein anzubauen.«
Thukydides, athenischer Geschichtsschreiber (4. Jahrhundert v. Chr.)

Meine Beziehung zum Olivenbaum und zum Rebstock – das heißt mein persönlicher Aufbruch aus der Barbarei – begann in den Weihnachtsferien des Jahres 1951. Unser Großvater Joaquín lud meinen jüngeren Bruder Fernando und mich ein, sein Schloss bei Malpica de Tajo in Valdepusa, ein ausgedehntes Landgut nahe der Montes de Toledo, kennenzulernen. Dieses ist seit 1292 im Besitz unserer Familie, davor war es eine Jagd der Könige von Kastilien. Im Archiv des Schlosses existieren schriftliche Zeugnisse, die dokumentieren, dass unsere Familie schon seit siebenhundert Jahren Olivenbäume anpflanzt und auf dem Rittergut Señorío de Valdepusa Olivenöl herstellt. Valdepusa verdankt seinen Namen dem Pusa, einem bescheidenen Flüsschen, von bildschönen Eschenwäldchen umgeben, das genau auf der Höhe von Malpica in den mächtigen Tajo mündet.

Der Tajo ist der längste Fluss der Iberischen Halbinsel. Nachdem er etwa 50 Kilometer stromauf die kaiserliche Stadt Toledo fast vollständig umfließt, streichelt er die mittelalterlichen Strebepfeiler des Schlosses von Malpica, gute 600 Kilometer vor der spektakulären Mündung in den Atlantik, wo er zu Füßen Lissabons, der prächtigen Hauptstadt Portugals, nun mit seinem portugiesischen Namen Tejo eine große Mündung bildet.

Das Schloss von Malpica de Tajo, erbaut im 13. Jahrhundert

Dieses Landgut kannten wir jungen Männer noch nicht. Auch den Großvater hatten wir nur flüchtig und selten zu Gesicht bekommen. Ich sehe es noch klar vor mir, wie wir nach dem Frühstück durch die Landschaft streiften – wir spazierten durch die am rechten Ufer des Tajo gelegenen Ländereien mit ihren Olivenhainen und Weingärten, betrachteten die Ruinen der Templerburg[1] von Villalba, die noch wie ehedem fast drei Leugen[2] des Flusses und das Tal überblickt, und schließlich betraten wir das Gut von Valdepusa, auf deren sanften, mit Eschen bedeckten Hügeln der grün schimmernde Weizen heranreifte – drittes Element, zusammen mit dem Weinstock und dem Olivenbaum, der berühmten mediterranen Trilogie.

1 Es handelt sich hierbei um die Burg von Villalba (vermutlich römischen Ursprungs), die sich später im Besitz der Templer befand und heute meiner ältesten Tochter Xandra gehört.
2 Altes Längenmaß, entspricht etwa 7 Kilometern.

Mit meiner Tochter Xandra in ihrem Olivenhain mit der Templerburg von Villalba im Hintergrund

Nach einem Mittagessen auf dem Feld kehrten wir zum Schloss und seinen Nebengebäuden zurück, zu denen auch ein herrlicher Weinkeller voller *tinajas* – großer Krüge aus gebranntem Ton, in denen bis heute auf der gesamten Südhälfte der Iberischen Halbinsel der Wein vergoren und aufbewahrt wird – und eine Ölmühle gehörten. Letzte spielte eine große Rolle bei unserem Besuch, zumal die Olivenernte gerade begonnen hatte.

Als sei es gestern gewesen, erinnere ich mich an das außergewöhnliche Gefühl, das ich beim Betreten der *almazara*[3] empfand – des ganzen Stolzes meines Großvaters.

Dort herrschte mittlerweile eine fieberhafte Geschäftigkeit, die in

3 Wort arabischen Ursprungs, das eine Ölmühle nebst benachbarten Anlagen bezeichnet.

Mein Großvater Joaquín Fernández de Córdoba
im Alter von 80 Jahren

merklichem Widerspruch zu den eben besuchten still-idyllischen Landschaften stand. Die riesigen, zu Kegelstümpfen gehauenen Granitblöcke der Mühle drehten sich mit hoher Geschwindigkeit und zerquetschten lärmend die Oliven und verwandelten sie in eine dunkle Paste mit fast violettem Schimmer.

Die Oliven gehörten, wie ich erst viel später herausfinden sollte, zur Sorte *Cornicabra*. Es war damals praktisch die einzige Olivensorte, die in der Region Montes de Toledo zu finden war und heute immer noch in Kastilien-La Mancha dominiert. Von Mauleseln gezogene Karren und ein einziger Traktor mit Anhänger transportierten die Oliven von den ausgedehnten Olivenhainen meines Großvaters – im Quadrat auf 12 × 12 Meter gepflanzt (gut 70 Bäume pro Hektar) – zur Ölmühle des Schlosses.

Der Brei aus gemahlenen Oliven wurde per Hand zwischen kreisrunde, in der Mitte mit einer runden Aussparung versehene Pressmatten aus Espartogras[4] gegeben, die dann auf ein Stahlrohr aufgefädelt und mit mächtigen mechanischen Pressen zusammengedrückt wurden.

Die durch das Pressen gewonnene Mischung aus Öl und Fruchtwasser trennte schließlich die Schwerkraft voneinander – bis heute in vielen Ländern eine übliche Methode der Ölgewinnung, denn Öl ist weniger dicht als Wasser. Das Olivenöl floss in Absetzbehälter, kleine, mit makellos weißen *azulejos*[5] gekachelte Zisternen, in denen nach langen Stunden des Wartens das Olivenöl dann auf dem Wasser schwamm. Durch einen unten angebrachten Abfluss konnte das Wasser abgelassen werden, sodass nur noch das Olivenöl im Gefäß zurückblieb.

Die alte *almazara* unserer Familie aus dem Jahr 1657 auf dem Platz von Malpica. Heute ist dort ein Besucherzentrum, wo unsere Gäste regionale Delikatessen verkosten und kaufen können, einschließlich unserer Weine und extra nativer Olivenöle.

4 Esparto: Süßgräser, die an vielen trockenen Hängen im Zentrum, dem Nord- und Südosten der Iberischen Halbinsel wachsen. Durch Trocknung erhält man raue Fasern, die traditionellerweise zu *esteras* (Matten) geflochten wurden, die als Fußabstreifer oder als Sonnen- und Windschutz in Fenstern dienten. Daneben wurden daraus auch die Sohlen sogenannter *alpargatas* (Stoffschuhe, bei uns auch als Espadrilles bekannt) hergestellt.

5 Traditionelle spanische Keramikfliesen arabischen Ursprungs.

Ich kostete vom Inhalt mehrerer just dekantierter Zisternen – zumal die Lese gerade begonnen hatte und es sich hierbei sicher um die erste Pressung der besten Oliven, das heißt der Blume der gesamten Ernte handelte –, indem ich, so wie man es mir gezeigt hatte, meinen Finger ins Öl tauchte und so das Öl schleckte. Ohne zu zögern, sagte ich: »Flüssiges Gold!« Diesen etwas blumigen Ausdruck benutzten die Ölmüller gern, um das Olivenöl zu beschreiben. Mein Großvater lächelte zufrieden. Ich bat ihn, mir eine Flasche zu schenken, was er bereitwillig tat. Als er sie mir gab, fragte ich ihn, warum sie kein Etikett habe. Er antwortete mir: »Wir verkaufen alles als Schüttgut, sowohl das Öl als auch den Wein und das Getreide.« Und er fügte hinzu: »Das Abfüllen in Flaschen ist neumodisches Zeug, das überlasse ich gern den Händlern, so was ist nichts mehr für einen alten Landwirt wie mich. Los, lass uns in den Weinkeller gehen und den Roten aus den Garnacha-Trauben dieser Ernte versuchen!«

Einige Wochen später, im spröden, aber großen Internat von Lecároz in Navarra, wo ich in zwei Jahren das Abitur ablegen würde, überraschte mich ein Mitschüler mit der Aussage, dass er schon jetzt genau wisse, dass er Agrarwissenschaften studieren wolle. »Ich auch«, antwortete ich, ohne zu blinzeln.

Aber wieder einige Wochen später erfuhr ich, dass meine Eltern schon andere Pläne für mich geschmiedet hatten: Mein Nachname mütterlicherseits, Fernández de Córdoba, brachte unbestreitbar militärische Tradition seit den Tagen des *Gran Capitán*[6] mit sich – Heldenahn und 1492 der Eroberer von Granada, der letzten Enklave maurischer Herrschaft in Spanien, und später eines nicht unbeträchtlichen Teils Süditaliens. Mein älterer Bruder Felipe studierte zu dieser Zeit schon an der spanischen Marineakademie in Marín (Pontevedra), und so war es beschlossene Sache, dass ich mich noch im selben Herbst an der Militärakademie in Zaragoza verpflichten würde, um Kavallerieoffizier zu werden.

Tagelang kreisten meine Gedanken um meinen möglichen Werdegang, bis ich nach reiflicher Überlegung beschloss, Agronom zu werden, natürlich im Bewusstsein dessen, dass ich ein Fünfzehnjähriger war, der seine erste ernsthafte Konfrontation mit seinen Eltern würde ausfech-

6 Gonzalo Fernández de Córdoba y Aguilar

ten müssen – zu einer Zeit, in der Heranwachsende wie ich eine eher schwache Verhandlungsbasis bei ihren Eltern hatten. Daher entschied ich mich, meinen Großvater anzuschreiben und um seine Unterstützung zu bitten. In meinem Brief erinnerte ich ihn an meinen jüngsten Besuch in Valdepusa. Ich wollte ihn ködern. Ich machte ihm ein, wie ich glaubte, verlockendes Angebot: Könnte er meine Eltern dazu überreden, mich Agrarwissenschaften studieren zu lassen, würde ich ihm nach Abschluss meines Studiums dabei helfen, die Qualität seiner Weine und Olivenöle zu verbessern, und sogar deren Abfüllung – mit seinem Namen und seinem Gut auf den Etiketten! – und ihre Vermarktung innerhalb und außerhalb Spaniens in die Hand nehmen.

Ich stellte mir vor, dass meinem Großvater, einem gebräunten und wettergegerbten Mann, so besonnen wie strikt, dies wie ein klassischer unerfüllbarer Jugendtraum erscheinen müsse. Aber meine Strategie funktionierte perfekt. So also blieb ich in Lecároz, im schönen, baskisch-navarresischen Flusstal des Baztán, und lernte mehr denn je für die Schule, unterrichtet von Kapuzinermönchen. Zwei Jahre später hatte ich den Abschluss in der Tasche, verbrachte noch ein paar Monate im Lycée Française von Madrid, um mein Französisch aufzupolieren, und reiste dann zusammen mit meinen Eltern ins belgische Leuven. Mein Ziel war die Universität, die 26 Kilometer von Brüssel entfernt liegt.

Am liebsten hätte ich in Grignon studiert, an der berühmten École nationale supérieure d'agronomie nahe bei Paris. Aber mein Vater Manuel hatte Bedenken: Er kannte Paris sehr gut, weil er dort im Haus seiner Großeltern väterlicherseits in der Rue Victor Hugo geboren war und später den Reiz und die Freuden der Stadt in vollen Zügen genossen hatte, bevor er im Alter von 36 Jahren heiratete. Mein Vater empfand die Nähe der französischen Hauptstadt als klare Bedrohung meiner Studienlaufbahn und meiner moralischen Integrität. Also schrieb er seinem Freund, dem Prinzen Antoine de Ligne[7], dem ehemaligen belgischen Botschafter in Madrid, und bat um seine Hilfe bei meiner Immatrikulation an der Universität von Leuven sowie bei der Suche nach einem Quartier »mit entsprechender Aufsicht«.

Leuven ist eines der ältesten und renommiertesten Bildungsinstitute in Europa. Heute ist es bedauerlicherweise in eine frankophone und

7 1925–2005; die Prinzen von Ligne zählen zum ältesten Adel Belgiens.

Das Gutshaus von Valdepusa inmitten von Rebstöcken und Olivenbäumen

eine flämischsprachige Universität geteilt – aus vollkommen unverständlichen Gründen für all jene, die nicht von dem Virus irrationalen Nationalismus infiziert sind, einer Ideologie, die zusammen mit der Religion die Wurzel fast aller Konflikte und Kriege in Europa gewesen ist.

Von dort schrieb ich regelmäßig meinem Großvater, berichtete ihm von meinen Fortschritten und erhielt im Gegenzug wohlmeinende und weise Ratschläge – bis sie irgendwann ausblieben und ich begriff, dass etwas geschehen sein musste. Ich erfuhr von meinen Eltern, dass er, mittlerweile 87 Jahre alt, verstorben war. Einige Zeit später informierten sie mich, dass ich in seinem Testament berücksichtigt worden sei und er mir einen ganz besonderen Teil von Valdepusa vermacht hatte – den Landsitz Quinto Casa de Vacas (dessen lehm- und kalkhaltige Böden[8] er sehr schätzte), das auch ein prächtiges Gutshaus aus dem 18. Jahrhun-

8 Böden dieser Art, mit einer dünnen Schicht von rotem Lehm (30–50 cm) über einem Unterboden aus Kalkstein, sind häufig Ursache und Ursprung vieler für ihr Öl und ihren Wein berühmter Regionen.

dert mit einschloss sowie eine Kapelle in palladianischem Stil, in der mein Großvater beigesetzt werden wollte.

Ich verstand die Botschaft sofort: *Ich vermache Dir das Land mit dem besten Boden für Rebstöcke und Olivenbäume, damit Du Dein Angebot und Deine Träume wahrmachen kannst.*

Ein paar Jahre später (1963) reiste ich nach Ende meines Studiums, frisch getraut mit meiner ersten Ehefrau Janine Girod, in die Vereinigten Staaten. Wir landeten in Miami, durchquerten ohne Eile den gesamten Süden dieses riesigen und faszinierenden Landes, und dann schrieb mich für einen Master-Aufbaustudiengang in Davis an der Universität von Kalifornien ein, die inzwischen weithin berühmt für ihren Lehrstuhl für Weinbau und Önologie war.

Eines Tages, anlässlich einer Einladung zum Abendessen im Haus des Dekans der Universität, Dr. Maynard Amerine, bot dieser uns ein Glas Wein an: einen Cabernet Sauvignon aus der in der Nähe gelegenen Weinbauregion Napa Valley. Ich war damals ein recht passabler Weinkenner, immerhin kannte und wählte ich seit zehn Jahren die geeignetsten Weine auf verschiedensten Weinkarten aus, die meinen Eltern und mir auf unseren Kultur- und Genussreisen durch Europa begegneten. Der 1959er Louis Martini aus dem Napa Valley – einer Region mit kühlen Brisen und Nebeln vom Pazifik, ansonsten aber mit ausgesprochen mediterranem Klima und daher deutlich wärmeren Sommern als das Médoc (Bordeaux, die Wiege der Cabernet-Sauvignon-Traube) – überraschte mich, ehrlich gesagt, enorm.

Während der höchst interessanten Gespräche bei Tisch fragte ich Amerine nach den technischen Fortschritten in Weinbau und Önologie in Kalifornien. Amerine hatte hier, unterstützt durch sein brillantes Team von Lehrern und Forschern, Pionierarbeit geleistet. Ich begriff, dass die Universität von Kalifornien eine Geburtsstätte für neue Technologien war, Technologien, die im Lauf der nächsten Dekaden unsere Lebensgewohnheiten und Kommunikationssysteme vollständig verwandeln würden. Die Kalifornier hatten die ersten Schritte unternommen, die jahrtausendealte önologische Praxis und Kenntnis zu revolutionieren.

»Und das Olivenöl?«, fragte ich gegen Ende des Essens. »Haben Sie auch vor, seinen Anbau und die Herstellung zu verbessern?« Die Antwort lautete: nein. Damals noch keine Priorität an der Universität, existiert heute jedoch, wie wir sehen werden, ein Fachbereich, der sich ganz dem Olivenanbau widmet.[9]

Monate später ereignete sich etwas, das damals wie heute das Leben jedes Mannes und jeder Frau für immer verändert: im Woodland Hospital kam mein erster Sohn Manuel zur Welt, der mir später eine große Hilfe bei der Entwicklung meiner Projekte sein sollte – trotz seiner Karriere in der internationalen Hochfinanz.

California Dreaming: Soviel ich konnte, fuhr ich kreuz und quer durch die fruchtbaren Täler und herrlichen Wälder und Wüsten. Das Land war vollständig meine Vision der Zukunft. Zu Anfang der sechziger Jahre war der Vorsprung der Vereinigten Staaten von Amerika gegenüber Europa – und vor allem gegenüber dem verarmten und isolierten Nachkriegsspanien, in dem ich aufgewachsen war, das allerdings damals schon erste Anzeichen von Wirtschaftswachstum erkennen ließ – geradezu erdrückend. In jeglicher Hinsicht: wirtschaftliche Macht,

9 Das UC Davis Olive Center ist besonders wichtig für sensorische Tests und Laboranalysen des Olivenöls auf dem US-Markt.

politische und wirtschaftliche Freiheit, Forschung, Infrastrukturen. Ich kehrte nach Spanien zurück, davon überzeugt, dass mein Land komplett überholt und erneuert werden müsse, vom politischen System bis hin zu Wein und Olivenöl.

Im Bewusstsein dessen, dass man in Fragen der Politik abwarten müsse, bis das Franco-Regime verschwände, beteiligte ich mich aktiv an der Gründung des XXI Century Club, eines Forums für politische Diskussion, das zum großen Erfolg Spaniens im folgenden Jahrzehnt beigetragen hat: dem friedlichen Übergang von einer Diktatur zu einer parlamentarischen Monarchie.

Was ich in meinem jugendlichen Enthusiasmus bei meiner Rückkehr völlig falsch eingeschätzt hatte, war der Widerstand der Landbevölkerung gegen jede Art von Veränderung, besonders in traditionellen Bereichen wie den Weinbergen oder Olivenhainen – deren Fläche in Spanien allein dreieinhalb Millionen Hektar ausmacht, ganz zu schweigen von der über zweitausendjährigen Geschichte der Ölherstellung. Die Historie ist eine alte Lehrerin, die zu respektieren mich meine Eltern gelehrt hatten. Aber sie hemmte den Wunsch zu verändern, damals und noch viele weitere Jahrzehnte.

So begann ich Agrargeschichte zu studieren. Ich entdeckte, dass sowohl der Trockenanbau der Oliven (ohne künstliche Bewässerung) als auch die von meinem Großvater eingesetzten Techniken des Oliven-Mahlens, -Pressens und -Dekantierens sich praktisch nicht von denen unterschieden, die schon im dritten vorchristlichen Jahrtausend dokumentiert waren. Es waren fünftausend Jahre vergangen, ohne dass sich etwas Wesentliches geändert hätte.

Zwar hatte die Moderne im Olivenhain und der Ölmühle auf Malpica durchaus Fuß gefasst, zu sehen etwa am Einsatz von Dünge- und Pflanzenschutzmitteln oder an der Elektrizität als Energiequelle. Jedoch gab es nie den Ehrgeiz, die qualitativen Eigenschaften des Olivenöls zu verbessern. Im Wesentlichen ging es darum, die Produktivität der landwirtschaftlich-industriellen Prozesse zu steigern, das einzige Sorgenkind und die Obsession der Mächtigen, Technokraten und Geschäftsleute jener Zeit.

In der Weinindustrie sah es ähnlich aus. Sowohl der Trockenanbau der Reben – damals die alleinig erlaubte Variante, basierend auf der Stockerziehung der Reben – als auch die Bodega meines Großvaters mit ihren schönen *tinajas* aus Terrakotta, in der er die Trauben gären ließ und später den Wein aufbewahrte, unterschieden sich in keiner Weise von den Verfahren, die vor 7000 Jahren im Zāgros-Gebirge[10] (Iran) angewendet wurden, um die ersten Städte – wie Babylon – zu beliefern, die die Menschen errichtet hatten, als sie das Nomadendasein aufgaben.

Diese uralten, von hunderten Generationen verbürgten Verfahren hatten sich bewährt; letztlich begründen sie unsere abendländische Kultur. Sie ändern zu wollen schien im günstigsten Fall utopisch, schlimmstenfalls anmaßend und nicht realisierbar. Doch meine Erfahrungen in Kalifornien hatten mir gezeigt, dass ich nicht allein war: Ich hatte Menschen vom Schlag Dr. Amerines getroffen, zielstrebige Pioniere neuer Technologien im Napa Valley wie Robert Mondavi oder seinen Schüler und Philosophie-Professor Warren Winiarski, Eigentümer von Stag's Leap Cellars. Die sogenannte ›Neue Weinwelt‹ kannte die versteinerten mentalen Barrieren ihrer europäischen Lehrmeister nicht.

DAS ABENTEUER WEIN

Ich konzentrierte mich in meiner Arbeit zunächst auf den Wein. Von Olivenöl redete damals niemand; es schien international keinen wirklichen Bedarf an extra nativem Olivenöl zu geben. Sein enormer Wert für die Gesundheit machte erst später von sich reden: als Ancel Keys seine berühmte *Seven Countries*-Studie um 1970 veröffentlichte.[11] Ich wollte beweisen, dass man mit der neuen Technologie des 20. Jahrhunderts große Weine selbst an einem so unwahrscheinlichen Ort wie Malpica de Tajo in der Region Montes de Toledo in Kastilien-La Mancha erzeugen könne.

Ich hatte jedoch nicht mit dem Establishment gerechnet, Behörden eingeschlossen! In Europa existierte die uralte Tradition des staatlichen Interventionismus, gerade in Sachen Wein und Olivenöl, deren Wohl und Wehe schon römische Herrscher wie Julius Caesar oder Domitian

10 In seinem prächtigen Buch *Ancient Wine* beschreibt der Archäologe Patrick E. McGovern, dass die Rückstände, die sich in einigen Keramikgefäßen, die vor Jahrzehnten im südlichen Teil des Zāgros-Gebirges entdeckt wurden und heute im Archäologischen Museum von Pennsylvania (USA) aufbewahrt werden, Spuren von Weinsäure und Harz von Terebinthen (einer Pflanze der Pistazien-Gattung, in Spanien als *cornicabra* bekannt) fanden, das zur Konservierung von Wein benutzt wurde.

11 Die vollständige und endgültige Fassung *Seven Countries* wurde 1980 veröffentlicht und rückte erst dann in den Fokus der Aufmerksamkeit.

Der ursprüngliche Weingarten gegenüber der Hauskapelle meines Landsitzes Casa de Vacas mit dem wilden, 500 Jahre alten Olivenbaum ›Emeritvs‹, der im Jahr 2004 hierher verpflanzt wurde

nach Gutdünken handhabten, zumal sie sie sowohl als Grundbedürfnisse des Volkes als auch als Schatztruhen des Imperiums betrachteten.

Nach meiner Rückkehr nach Spanien stellte ich den Behörden mein Projekt eines *pago*[12]-Weinbergs vor: Ich wollte ein Weingut im Stil eines bordeleser *Châteaus* oder einer burgundischen *Domaine* aufbauen und dabei eine nichtheimische Sorte verwenden: die *Cabernet Sauvignon*-Traube aus dem Bordelais. Außerdem plante ich die künstliche Bewäs-

12 Am ehesten ließe sich der *pago*-Weinberg mit dem Begriff »single estate vineyard« beschreiben, wobei der so hergestellte Wein, der *vino de pago* – (single) estate wine – in Spanien mittlerweile eine im Weingesetz ratifizierte Bezeichnung ist.

serung der Rebstöcke, die temperaturkontrollierte Gärung in Stahltanks und den Ausbau in Holzfässern in einem vollklimatisierten Weinkeller. Reaktion? Meine Vorschläge wurden in allen Punkten kategorisch abgelehnt. Die Cabernet-Traube war eine fremde – zu allem Überfluss französische! – Sorte und daher im Spanien Francos verboten. Was das geplante Bewässerungssystem betraf, so war es nach geltendem Recht schlicht illegal. Und was meine Vision eines *pago*-Weins betraf, erwies sich das als absolut undurchführbar. Ich durfte nicht einmal die Traubensorte auf dem Etikett ausweisen, da dies für mein Gebiet Valdepusa nicht vorgesehen war – ich befand mich außerhalb des Systems der *Denominaciones de Origen* (DO), der Gebiete mit kontrollierter Herkunft, und durfte unmöglich diesen Wein in Spanien als *gran vino* verkaufen.

Ich schlug dann vor, mein Projekt ausschließlich auf den Export hin auszurichten – die Reaktion darauf war wieder kategorische Ablehnung: Das Produktionsvolumen, dass ich für meinen *pago*-Weinberg veranschlagte – ca. 60 000 Flaschen – war siebzehnmal geringer als die eine Million Flaschen, derer es bedurft hätte, um eine Ausfuhrlizenz zu bekommen. Es war offensichtlich, dass die Lobby der Großkellereien und -winzer den Zugang zum Ausland für kleine Weinbauern wie mich hermetisch verriegelte.

Eine Verordnung von 1970 zementierte die schlechte Situation des Weinanbaus: Sämtliche vormaligen Verbote galten nun als Gesetze.

Ich musste viele Jahre warten, bis ich in Valdepusa meinen ersten Weinberg mit *Cabernet Sauvignon* bepflanzen durfte und dabei die Tropfbewässerung[13] anwenden konnte – eine Technik, die ich auf einer Reise nach Israel kennengelernt hatte und von der die Universität von Kalifornien in Davis seinerzeit noch als übertrieben abriet. Dank meines Starrsinns wurde aus dieser Technik eine Innovation im Weinbau mit weltweiter Bedeutung!

Zunächst waren meine Vorschläge hinsichtlich des Weinbaus wie auch der Politik inakzeptabel. Aber das Leben General Francos fand 1975 sein Ende – und mit ihm, wenn auch etwas später, verschwanden auch viele der unsäglichen Gesetze. Allerdings konnte ich vor 1981 keinen Wein erzeugen, und es gelang mir erst im Januar 1986, meinen

13 Bei der Tropfbewässerung wird bei geringem Druck durch ein Schlauchsystem kontinuierlich wenig Wasser, zwei bis vier Liter pro Stunde, auf den Boden der Rebstöcke gesprengt, sodass das Weinlaub nicht feucht wird und womöglich Schimmelpilze bildet.

ersten Jahrgang mit Etikett, den *Marqués de Griñón Dominio de Valdepusa Cabernet Sauvignon 1982*, zu exportieren: Der Eintritt Spaniens in die EU zwang die spanische Regierung, viele bis dahin fest im Gesetz verankerte Vorschriften zu widerrufen, wie etwa jene, die von Exporteuren eine Ausfuhrlizenz verlangte. Im gleichen Monat stellte sich der Erfolg meines ersten *Cabernets* ein: Er erregte Aufsehen auf der Veranstaltung ›Wines from Spain‹ im Hotel Dorchester in London. All meine Erwartungen wurden übertroffen: Weltberühmte angelsächsische und amerikanische Weinkritiker wie Hugh Johnson, Oz Clarke und später Robert Parker waren voll des Lobes.

Im Lauf der nächsten Jahrzehnte leisteten wir auf Valdepusa Pionierarbeit in allen Bereichen, angefangen mit der Einführung neuer Rebsorten in der Region, wie etwa – nach spannenden Besuchen der besten Weingüter im französischen Rhône-Tal, Kalifornien oder Südostaustralien – *Syrah* und anderer, in ihren jeweiligen Anbaugebieten in eher geringen Mengen kultivierter Sorten wie *Petit Verdot* oder die aus der Rioja stammende *Graciano*.

Wir wendeten nach und nach immer ausgefeiltere Technik in unseren Weinbergen an. Wir verlegten etwa die Tropfbewässerung unter die Erde und setzten die Rebwurzeln moderatem Trockenstress aus. Zum Einsatz kamen dabei digitale Steuerungssysteme für Bewässerung, Überwachungssysteme für den Wasserstress in den Reben sowie ein systematisches Ausdünnen des Weinlaubs.

Winzer und Weinbau-Experten von weltweitem Ruhm wie Emile Peynaud oder Michel Rolland überwachten vom ersten Jahr an die Produktion der Weine in unserer Bodega, die mit einer (im Spanien der achtziger Jahre!) geradezu zukunftsweisenden Ausstattung ausgerüstet war: vollständige Klimatisierung aller Prozesse – Gärung, Reifung, Lagerung – und dem Einsatz nächtlicher Weinlesen. Dies alles führte dazu, dass wir die Weine des Dominio de Valdepusa und die des in der Comunidad de Madrid[14] entwickelten *pago El Rincón* am Ende in über vierzig Ländern auf drei Kontinenten exportieren konnten.

Beim Wein hatten wir also eine schöne Erfolgsstory geschrieben. Was aber war mit dem Olivenöl? Für meinen Großvater war das Öl noch

14 Autonome Gemeinschaft Madrid

Unser Weinkeller mit Eichenholzfässern in Valdepusa

wichtiger gewesen als der Wein. Noch immer gab es in Valdepusa kein nennenswertes Olivenöl in etikettierten Flaschen, von hoher Qualität ganz zu schweigen! Aber ich hatte tatsächlich nie aufgehört, über das Öl nachzudenken.

UNSERE ODYSSEE DES OLIVENÖLS

Nach meinen vielen Erfolgserlebnissen beim Weinbau war ich davon überzeugt, dass man auch die uralten Verfahren des Olivenanbaus und der Gewinnung von Olivenöl ändern musste. Natürlich interessierte mich nur die qualitativ höchste Ausbaustufe – das extra native Olivenöl, im Spanischen *virgen extra* genannt.

Zunächst verkostete ich Hunderte von extra nativen Olivenölen aus allen führenden Öl-Erzeugerländern und Regionen Europas. Dann schaute ich genau auf Italien, dort auf die Region des *Chianti Classico.* Eine Tatsache imponierte mir da besonders: Neben einigen der besten Olivenölen der Welt produzierten viele Güter auch große Rotweine – ein Modell, das mit meinen Zielen perfekt übereinstimmte!

Im Oktober 1993 telefonierte meine Frau Fátima, ich war mittlerweile zum dritten Mal verheiratet, mit dem Agrar-Ingenieur Ferdinando Guicciardini und seiner Frau, Mitglieder einer der ältesten adeligen Familien von Florenz. Fátima hatte die beiden einige Jahre zuvor während ihres Studiums in Florenz kennengelernt. Sie erreichte, dass uns die Guicciardinis auf ihren wunderschönen Besitz Castello di Poppiano im Chianti einluden, damit wir die Ernte und Verarbeitung ihrer Oliven mit eigenen Augen verfolgen zu können.

Ferdinando erklärte mir mit wissenschaftlicher Strenge – er war Berater eines wichtigen Agrarunternehmens in Mailand –, dass die Toskana die Qualität ihres Olivenöls zum großen Teil der Natur verdankte: Guicciardini machte die geographische Lage der Toskana für die hohe Qualität des Öls verantwortlich. Er bezog sich dabei auf die Tatsache, dass sich die Toskana an der nördlichsten Grenze des möglichen Olivenanbaus befindet.[15] Guicciardini hatte 1985 die meisten seiner Bäume aufgrund eines Kälteeinbruchs mit Temperaturen um die –20 °C eingebüßt – ein Unglück, das in dieser Region alle 20 bis 25 Jahre geschieht. Die allgemein relativ strengen Winter zwangen die toskanischen Olivenbauern seit langer Zeit, die Oliven zu einem recht frühen Zeitpunkt zu ernten.

Dies bedeutet für den Bauern: Er wartet nicht ab, bis die Oliven dunkelviolett (und prall mit Saft) sind, um einen größtmöglichen Ertrag an Öl zu gewinnen – dies ist die alte Tradition in den meisten Oliven-Anbauregionen von Griechenland über Südspanien bis Tunesien und Marokko. Als idealer Erntezeitpunkt gilt dem toskanischen Olivenbauern, wenn der Baum gleichzeitig hellgrüne, dunkelgrüne und violette Oliven trägt, also vor dem Kälteeinbruch. Da die Oliven nur zu etwa drei Vier-

15 Im Sinne des Klima-Stresses. Als nördlichste Grenze kommerziellen Olivenanbaus gilt strenggenommen der Gardasee, vor allem am Süd- und Ostufer. In Lugano (im Schweizer Kanton Tessin) lädt ein Olivengarten zum Spazieren ein. Weiter nördlich gibt es Olivenbäume nur noch vereinzelt in Botanischen Gärten.

Oliven der Sorte *Picual*, geerntet zum Zeitpunkt der *véraison*

tel gereift sind, enthalten sie im Vergleich zu den vollreifen Früchten nur die halbe bis drei Viertel Menge Saft.

Zusätzlich ließ Guicciardini nach traditioneller Methode die Oliven von Hand mit speziellen Kämmen ernten. Der recht kleine Olivenhain beherbergte mindestens drei Olivensorten – *Frantoio, Leccino, Moraiolo* –, die allesamt zu anderen Zeiten reiften. So konnte er jede Sorte in der optimalen Woche ernten, ein deutlicher Unterschied zu den anderen wichtigen Olivenregionen wie Andalusien, wo nur eine oder zwei Sorten vorherrschen.[16]

Die Olive gelangte in hervorragendem Zustand auf dem kürzesten

16 Bis heute ist dieser Anbau von drei bis fünf Olivensorten typisch für die Region Toskana; ein Olivenöl dieser Region ist daher traditionell stets eine Mischung aus diesen Olivensorten.

Weg in die *frantoio*, die Mühle, und wurde sofort gemahlen. Mich überraschte, dass ein Ingenieur wie Guicciardini der traditionellen toskanischen Mühle mit zylindrischen Mahlsteinen den Vorzug gab. Das frisch gepresste Öl schmeckte traumhaft.

Ich verglich das Beispiel des toskanischen Öls mit den Weinen aus den nördlichen Regionen Europas – Burgund, der Champagne oder dem Rheingau. Ich hatte jede dieser Gegenden besucht, als ich mit meiner Arbeit als Winzer anfing, und schon da stand mir ein Ziel vor Augen: Ich wollte das Geheimnis dieses altehrwürdigen, ungebrochenen Ruhms ihres Terroirs und ihrer Weine entschlüsseln und mich nach Möglichkeit von ihren Vorgehensweisen, ihrer Methodik inspirieren lassen.[17] Hinsichtlich des toskanischen *olio extra vergine* wurde mir Folgendes klar: Die dortigen Bauern ernteten bei Temperaturen, die in Toledo denen des Novembers entsprechen. Genau dann findet die sogenannte *véraison* statt, also der Farbumschlag der Oliven von Grün über Kardinalspurpur zu Schwarz. Um also exzellente Qualität zu erzielen, charakteristisches Merkmal toskanischer extra nativer Öle, müsste man nur genau zum Zeitpunkt des Farbumschlags ernten.

Nach Valdepusa zurückgekehrt, experimentierte ich mit Oliven der Sorte *Cornicabra*, die mein Großvater vor einem Jahrhundert neben dem Schloss von Villalba gepflanzt hatte. Die Ergebnisse schickten wir an die Versuchsanstalt in Córdoba. Die Antwort darauf bekamen wir rasch. Fátima und ich lachen noch heute über das damals höchst irritierte Urteil der Wissenschaftler, die mein Öl »rasend scharf« fanden.

Wir wussten: Wollten wir eintauchen in die Welt des hochwertigen Olivenöls, unsere innovative Vision wahr werden lassen und dafür die Technologie des 21. Jahrhunderts anwenden, konnten wir keine Abkürzungen nehmen. Wir würden den langen und beschwerlichen Weg gehen müssen, wie wir ihn schon mit dem Wein gegangen waren. Und dies würde damit beginnen, irgendwo auf der Welt einen Wissenschaftler ersten Ranges zu finden.

Die Suche nach diesem Experten war viel schwieriger als beim Wein – die führenden Wissenschaftler waren und sind weltweit bekannt – und dauerte sieben Jahre. Und dann fand ich ihn!

17 So lernte ich z. B., dass ich die Temperaturunterschiede im Weinkeller korrigieren musste – die Betriebstemperaturen in diesen Regionen waren offensichtlich deutlich niedriger als unsere; ich setzte Klimaanlagen ein und ließ den Wein bei Nacht lesen.

Im Sommer 2000 besuchte ich auf Einladung der Familie Folonari ihre berühmten Weingüter Ruffino. Marco Folonari bat mich, sein exzellentes Olivenöl zu probieren, das er in seinem eigenen Hain herstellte. Ich stellte ihm die Schlüsselfrage und er antwortete: »Mein Berater ist Agronom Dr. Marco Mugelli – der größte Experte für Olivenöl in der Toskana und, meines Erachtens, der Welt.« Vorsichtig tippte ich dessen Telefonnummer in mein Handy.

Folonari hatte recht. Schon bei der ersten Begegnung mit Marco Mugelli begriff ich, dass hier endlich der Mann vor mir stand, nach dem ich so lange gesucht hatte! Als ich Mugelli fragte, wie er in die Welt des *extra vergine* geraten sei, erzählte er mir, dass er eines Tages mit quälenden Leberschmerzen in ein toskanisches Krankenhaus eingewiesen wurde. Sein Zustand allerdings besserte sich trotz eines längeren Aufenthalts nicht. Er war zu diesem Zeitpunkt schon als professioneller Verkoster von Wein und Olivenöl tätig. Eine schon bejahrte Patientin empfahl ihm, täglich zum Frühstück einen Esslöffel Olivenöl zu sich zu nehmen. Nach kurzer Zeit war Marco wieder völlig hergestellt und beschloss, den Rest seines Lebens dem extra nativen Öl zu widmen, das er beschreibt als ein »so einzigartiges natürliches Lebensmittel, dessen Kräfte schon die Götter in grauester Vorzeit schätzten«.

Die Leidenschaft Marco Mugellis und sein berufliches Prestige als Laborchef der toskanischen Handelskammer haben ihm manche Wege gebahnt – so erreichte er etwa, dass die finanzstarke toskanische Handelskammer Mittel für ein Forschungsprojekt zum *olio extra vergine* lockermachte. Schließlich symbolisierte der Olivenbaum die Toskana im bestmöglichen Sinn. Mugelli war mit dem Olivenanbau sehr vertraut und ein anerkannter Spezialist für die verschiedenen Maschinen zur Ölpressung. Er war davon überzeugt, dass die toskanischen Olivenöle zwar zu den besten der Welt zählten – dass aber dennoch nach oben noch ein bisschen Luft war. Wenn es zum Beispiel gelänge, den Vorgang des Pressens weiter zu perfektionieren, könnte ein noch besseres Öl gewonnen werden. Tatsächlich wurde für lose Ware, nicht abgefülltes toskanisches extra natives Öl, dreimal so viel Geld bezahlt wie für Olivenöl aus anderen Gegenden. Die Gastrokritiker innerhalb und außerhalb Italiens schätzten besonders, dass der Mahlprozess ohne Erwärmung – kalt – und mit traditionellen Steinmühlen stattfand. Was das extra native Olivenöl aus anderen Ländern betraf, so bleibt anzumerken, dass die internationalen Märkte dafür gerade einmal einen Aufschlag von maximal 5 Prozent auf den Preis des einfachen Olivenöls bezahlten – eines Produkts, das zu 99 Prozent auf farblosem, industriell raffiniertem Olivenöl basiert –, das durch die aggressiven industriellen Verfahren keinerlei Geschmack, Geruch und Nährwert mehr hat. Diese Marktsituation ist nach wie vor intakt, wie wir noch sehen werden.

Zusammenfassend gesagt, glaubten weder die Experten noch die Händler, noch die Verbraucher an das mehrheitlich auf dem Markt angebotene extra native Öl. Ausschließlich bei dem toskanischen *extra vergine* war man bereit, den dreifachen Preis zu bezahlen. Und dieses wurde mit traditionellen Steinmühlen auf alte Weise erzeugt.

Das war der Ausgangspunkt zu Anfang des 21. Jahrhunderts.

Mugelli und ich waren uns einig, dass wir aus seiner Forschungstätigkeit und meinen Erfahrungen beim Wein eine Allianz schmieden mussten. Das Ziel: eine neue Technologie bei der Landwirtschaft und dem Pressvorgang, die den Geschmack und den medizinisch-physiologischen Nutzen des Olivenöls steigern sollte. Und natürlich wollten wir der Welt unser Abenteuer erzählen, so es denn erfolgreich sein sollte.

Im Herbst 2000 rief meine Frau Fátima Marco Mugelli an und schlug ihm in ihrem ausgezeichneten Italienisch vor, uns in Toledo zu besuchen. Seine Antwort fiel höflich, aber nicht allzu begeistert aus. Das Bild, das er vom spanischen Öl hatte, ließ ihn glauben, dass unser Projekt mit den großen Ambitionen kaum eine Chance hatte. So beschlossen wir, unsererseits nach Florenz zu reisen, um sein für das experimentelle Arbeiten genutztes Gut Torre Bianca zu besuchen und dort sein ausgezeichnetes Öl zu verkosten. Im Anschluss besuchten wir das Labor der toskanischen Handelskammer, wo wir eine Auswahl der besten toskanischen *extra vergine* verkosteten. Danach ging es weiter nach Verona zur ›Vinitaly‹, der großen internationalen Wein- und Olivenöl-Messe, auf der Marco Mugelli einen meisterhaften Vortrag hielt.

Schließlich konnte ich Mugelli überreden, ein paar Monate später nach Spanien zu kommen. Allerdings vergaß er das verabredete Datum vollständig. Mein bestürzter Anruf überzeugte ihn schließlich, die Reise nach Madrid eine Woche später anzutreten.

Sein Besuch auf unserer Dominio de Valdepusa in Toledo brachte einen zunächst äußerst skeptischen Marco auf unsere Seite und bekräftigte zwei Faktoren, die die Säulen unserer Zusammenarbeit und Freundschaft bildeten: erstens der Wille, ein Olivenöl allerhöchster Qualität zu erschaffen, und zweitens, dafür das passende Terroir zu suchen.

Nach diesem ersten Treffen begannen wir, Informationsmaterial über unser Projekt zusammenzustellen, das wir verknüpfen wollten mit Mugellis Forschungsarbeiten aus der Toskana.

Und schließlich erreichte ich mein großes Ziel: Mugelli unterzeichnete einen Beratervertrag für Konzeption und Bau der ersten kommerziellen Ölmühle auf unserem Landgut. Die Mühle sollte im vollen Umfang nach der zu diesem Zeitpunkt verfügbaren antioxidativen Technologie arbeiten, die Mugelli erforscht hatte. Bis jetzt hatte Mugelli nur sanfte Verbesserungen der Mühlentechnik durchgesetzt, wie etwa vertikale Rühr- und Zentrifugierapparate für einige Landgüter wie das der Familie Guicciardini in Poppiano.

Die Anlage auf unserem Landgut konnte Ende Oktober 2002 ihre Arbeit aufnehmen auf der Finca Capilla del Fraile in Toledo – historisch ein Teil des Dominio Valdepusa –, deren Besitzer Iñigo und Eugenia Valdenebro mit mir eine langfristige Nutzungsvereinbarung getroffen hatten.

Unser Grundstück umfasst 120 Hektar gepflanzter Olivenbäume der Sorten *Picual*, *Arbequina* und *Manzanilla*, wobei letztere, ursprünglich wegen ihres frühen Reifestadiums ausgewählt, zugunsten der *Picual* aufgegeben wurde, die noch mehr Qualität versprach.

Olivenbäume von Capilla del Fraile

Innenansicht der antioxidativen Ölmühle von Capilla del Fraile

Die Ergebnisse waren von der ersten Olivenernte an so gut, dass mir Marco vorschlug, unser erstes extra natives Olivenöl *Marqués de Griñón Oleum Artis 2002* anlässlich des jährlichen Dinners der Vereinigung der italienischen Sommeliers zu präsentieren. Jedes Gericht dieses Abendessens wurde von einem Olivenöl und einem Wein begleitet. Wir stellten also unser Öl auf die Tafel und dazu den Wein *Marqués de Griñón Syrah 2000.* Am nächsten Tag titelte die toskanische Tageszeitung *La Nazione* in großen Lettern: »Il Miglior Extra vergine di Spagna è Toscano« (Das beste extra native Öl aus Spanien ist toskanisch.) – eine Anspielung auf die Beteiligung Mugellis als Berater an dem neuen toledanischen Projekt.

Nachdem wir erfolgreich die erste Ölmühle mit antioxidativer Technologie in Betrieb genommen hatten, erschien es Mugelli und mir von entscheidender Wichtigkeit, die Ergebnisse der Experimente aus Torre Bianca auf unser spanisches Projekt zu übertragen, um die Forschung nach Verbesserungen weiterzutreiben.

In unserer spanischen Ölmühle arbeiteten wir zum Beispiel mit vertikalen Rührmaschinen, um den Kontakt mit Sauerstoff zu minimieren. Wir setzten neue Formen von Zerkleinerern für die Oliven ein, arbeiteten mit Vakuumtechnik und stetiger Temperaturkontrolle der Olivenpaste.

Doch Technik hin oder her – entscheidend für die Verbesserung der Olivenölqualität ist die strenge und ständige Kontrolle durch die geschulte Nase und Zunge des Ölexperten. In unserem Fall waren dies Mugelli persönlich oder die von ihm ausgebildeten Mitarbeiter. Marcos Sohn Matteo und meine Tochter Xandra kontrollierten die Ölherstellung in jeder Phase. Jede Olivencharge ist anders, genau wie im Weingut muss der Ölproduzent die Oliven genauestens in Augenschein nehmen, analysieren und das frische Öl während der Pressung immer wieder probieren, probieren, probieren.

Es muss dem Ölproduzenten darum gehen, ein intensiv-gelbgrünes, aromatisch komplexes extra natives Öl zu gewinnen, das so viele Biophenole wie möglich enthält. Ebenso wichtig – da letztlich das Hauptkriterium für Gastronomie und Handel – ist ein ausgewogener und für den Gaumen attraktiver Charakter.

Ich kontrolliere die Oliven der Sorte *Arbequina*.

Marco hat sich neben seiner Expertentätigkeit auch als großzügiger Lehrer und Mentor für uns erwiesen. Meine Tochter Xandra Falcó – jetzt Leiterin unseres Unternehmens – entschloss sich, Marco während des ersten Teils der Pressung zu begleiten. Wie beim Wein ist jede Olivenernte anders: 2009 reifte die Olivensorte *Picual* deutlich früher als sonst. Das Öl daraus brach alle Rekorde, mit einem Gehalt von Antioxidantien[18], der über 900 mg pro Kilogramm Öl lag. Da sich 2010 bei der *Arbequina* der optimale Zeitpunkt der Reife verschoben hatte und Mugelli nach Italien zurückkehren musste, um seine eigene Mühle zu beaufsichtigen, entschloss sich Xandra, zum ersten Mal das Ruder in der

18 Die Summe der ernährungswissenschaftlich wertvollen Biophenole.

Marco Mugelli vor einer Oliven-Wasch-Anlage

Ölmühle allein zu übernehmen. Das Ergebnis war ein extra natives Öl mit duftend-floralen Aromen, langanhaltendem, komplexem, aber ausgewogenem Geschmack und einem Biophenolgehalt von über 600 mg pro Kilogramm – ein bahnbrechendes *Arbequina*-Öl.

Und zum ersten Mal in der Geschichte der Familie leitete eine hochqualifizierte *Chefin* die Geschicke der Ölmühle: ein essenzielles Element für die Zukunft unseres Projekts!

XANDRA FALCÓ: DIE ÖLMÜHLE DES 21. JAHRHUNDERTS

»Das Olivenöl – eine mitreißende Welt, die seit Jahrhunderten mit der Kultur des Mittelmeers verbunden und Teil ihrer Geschichte ist.

In meiner Familie sind die Olivenhaine ein Vermächtnis, das von Generation zu Generation weitergegeben wird. Wir fühlen uns nie als Eigentümer, sondern nur als Treuhänder der Olivenbäume, die wir der nachwachsenden Generation anvertrauen müssen, wenn möglich in besserem Zustand als in dem, in dem wir sie geerbt haben. Die Olivenbäume, Steineichen und wilden Ölbäume befinden sich schon seit Jahrhunderten auf diesem Grund und Boden, und es ist unsere Pflicht, sie zu pflegen, damit kommende Generationen sie ganz so wie wir genießen können. Das Dominio de Valdepusa gehört seit 1292 der Familie und in seinem historischen Zentrum, dem Schloss von Malpica, werden seit damals Oliven gemahlen. Im späten 19. Jahrhundert nahm mein Urgroßvater hier eine der ersten modernen Ölmühlen Spaniens in Betrieb – ihre Maschinerie wurde in Málaga entworfen und gefertigt –, die die alte, traditionelle Mühle ersetzte, die heute, in ein wunderhübsches Lokal umgewandelt, traditionelle toledanische Küche serviert.

Zu Beginn des neuen Jahrhunderts hatte ich das Glück, schon in der Anfangsphase zusammen mit meinem Vater, Teil des Projekts *OLEUM* zu werden, das die bis dahin für das extra native Olivenöl verwendeten Extraktionstechniken völlig revolutionierte. Hand in Hand mit unserem Berater, Freund und Mitarbeiter dieses Buchs, Dr. Marco Mugelli, installierten wir die erste kommerzielle, antioxidativ arbeitende Ölmühle, die wir Jahr für Jahr, dank der Erkenntnisse, die wir aus Mugellis experimentellem *Frantoio* gewonnen hatten, perfektionieren konnten. Das wichtigste Ziel war es, sowohl die Olive wie auch die Paste und letztlich das gewonnene extra native Olivenöl vor Oxidation zu schützen und somit den größten Teil seiner Polyphenole zu erhalten.

Wir begannen mit dem Rühr- und dem Mahlvorgang: In den traditionellen Ölmühlen verwendet man horizontale Rühr- oder Mischmaschinen, in denen die Olivenpaste bis zu ihrer Homogenisierung mindestens vierzig Minuten verbleibt. Da diese Maschinen in der Regel bis zu fünfzig Prozent ihrer Kapazität gefüllt werden, ist die Olivenpaste im ständigen Kontakt mit der Luft und damit der Oxidation ausgesetzt. Das neue System, das wir eingeführt haben, ersetzt die Hammermühlen durch solche mit Klingen, die horizontalen durch vertikale Rührmaschinen, in der der Kontakt der Oberfläche der Olivenpaste mit der Luft deutlich niedriger ist. Zudem verfügen unsere Rühr- und Zentrifugiermaschinen über ein Vakuumsystem, das die wenige verbleibende Luft absaugt und die Oxidation noch weiter verhindert.

Das Ergebnis: Wir gewinnen heute Öle, die im Vergleich zu einer traditionellen Ölmühle einen bis zu achtmal höheren Grad an Antioxidantien aufweisen. Aus gastronomisch-kulinarischer Sicht verfügen sie über sauberere und frischere Aromen, die nach Wiese, frisch geschnittenem Gras und Tomate riechen. Wenn uns Sommeliers und andere Experten besuchen und wir sie das Öl verkosten lassen … – ich liebe es, ihre überraschten Gesichter zu sehen! Es ist nur zu offensichtlich, dass sie diese eleganten und intensiven Aromen, die ein echtes ›flüssiges Gold‹ ausmachen, niemals erwartet haben!

In Zukunft möchte unser Projekt Olevm+ für das extra native Öl des 21. Jahrhunderts neue Sphären der antioxidativen Technologie sowie eine bisher noch nicht dagewesene organoleptische und diätetische Qualität erreichen. Ich freue mich darüber, an dieser faszinierenden Sache mitzuarbeiten, der es gelingt, ein uraltes Produkt für kommende Generationen in ein wahrhaftiges Elixier des Genusses und der Gesundheit zu verwandeln.«

Im Lauf der letzten Jahre waren unserem Öl *Marqués de Griñón Oleum Artis*, dank der Bemühungen unseres Management-Teams, und, vor allen Dingen, der Arbeit Xandras, wachsende Erfolge in Spanien und mehr als dreißig Ländern der Erde beschieden.

Nach der ersten Vorstellung bei dem Dinner der Vereinigung der italienischen Sommeliers präsentierten wir unser extra natives Öl auf der Veranstaltung der ›Madrid Fusión‹ im Januar 2003. Das war ein Kongress, der Spanien endgültig als Avantgarde der Kochkunst des neuen Jahrhunderts etablierte und der einen Meilenstein in der Geschichte der Gastronomie markierte aufgrund der noch nie dagewesenen Zahl und Qualität großer Köche aus der ganzen Welt: Ferran Adrià, Juan Mari Arzak, Paul Bocuse, Michel Guérard, Pierre Troisgros, Michel Bras, Charlie Trotter, Heston Blumenthal, Tetsuya Wakuda und hunderte von jungen Köchen, die die Kochkunst der Welt revolutionieren.

Meine zweite Tochter, Tamara Falcó, die als Messehostess auf der ›Madrid Fusión‹ unseren Stand betreute, war ganz aus dem Häuschen: »Während du an der Konferenz teilgenommen hast, wollten sechs Köche, alle mit drei Michelin-Sternen, die neue Revolution des spanischen Olivenöls verkosten. Zum Glück war Marco Mugelli hier!«, erzählte sie, als ich an den Stand zurückkehrte.

Ein Jahr später einigten wir uns darauf, mit zwei anderen großen Produzenten – *Dauro*, mit Olivenhainen in Gerona und auf Mallorca, und *Abbae de Queiles* in der Nähe von Tudela (Navarra) – eine neue Vereinigung von *Grand Crus* des extra nativen Öls zu gründen, so wie sie schon für die *pago*-Weine[19] bestand. Dieser Club heißt *Grandes Pagos de Olivar*. Mittlerweile gehören ihr noch zwei weitere hervorragende Anwesen an: *Marqués de Valdueza* (Badajoz) und *La Boella* (Tarragona). Die nationale und internationale Fachpresse verfolgt mit großem Interesse die Entwicklung dieser Vereinigung.

BEDROHUNGEN – DER *MERUM*-SKANDAL UND DIE FOLGEN

Wie es mir schon früher mit dem Wein ergangen war, gab es auch beim Öl Zusammenstöße mit dem Establishment. Im Jahr 2006 präsentierten wir unser *Marqués de Griñón Oleum Artis Jahrgang 2005* bei dem renommierten internationalen Wettbewerb, den der italienische Ölkritiker Marco Oreggia organisiert und dessen Ergebnisse jedes Jahr in seinem Führer *Flos Olei* veröffentlicht werden. Oreggia bewertete unser Öl als bestes unter den intensiv-fruchtigen Olivenölen und nannte dessen geographische Herkunft: die Region Montes de Toledo in Spanien.

Das Problem: Die EU-Gesetzgebung reguliert die sogenannte geschützte offizielle Herkunftsbezeichnung (spanisch: *Denominación de Origen*) und garantiert den jeweiligen Erzeugern die exklusive Verwendung des historischen Regionen-Namens für ihre Produkte – Wein, Olivenöl, Käse und so weiter. Der Name der Region war natürlich in den meisten Fällen schon viele Jahrhunderte vor der Einrichtung der entsprechenden geographischen Appellation in Gebrauch. So also beschwerten sich

19 *Grandes Pagos de España*, die zuerst *Grandes Pagos de Castilla* hieß, wurde im Jahr 2000 gegründet und vereint heute 23 *pago*-Weingüter allerhöchster Qualität aus den wichtigsten Weinbauregionen Spaniens unter einem Dach.

Extra natives Olivenöl, hier unser reinsortiges *Marqués de Griñón,*
ist eine Bereicherung jeder Tafel.

die Vertreter der *Denominación de Origen* Montes de Toledo, dass wir diese Herkunftsbezeichnung rechtswidrig benutzt hätten. Dabei stellt meine Familie in genau dieser Region seit sieben Jahrhunderten Öl her! Keine unserer Eingaben beim regionalen Ministerium für Landwirtschaft, das wir kostenlos bei sehr bedeutenden Projekten zu Wein und Öl beraten hatten, zeigte Wirkung. Schließlich wurden wir wegen eines angeblichen Schadens, den wir durch den Gewinn des Preises beim Wettbewerb verschuldet hätten, zu einer Geldbuße verurteilt. Ich tröstete mich mit einem Vers Goethes: »Und seines Bellens lauter Schall / Beweist nur, dass wir reiten.«[20]

Viel ernster – und mit deutlich schwerwiegenderen Folgen – waren die Ereignisse, in deren Strudel Marco Mugelli im Jahr 2004 geriet. Wie ich später näher beschreiben werde, hatte die deutschsprachige Fachzeitschrift *Merum* die extra nativen Olivenöle in deutschen Supermarktregalen genauer unter die Lupe genommen.

Die Ergebnisse der geschmacklichen Verkostung dieser Öle und der chemischen Analysen waren ungeheuerlich: Mugelli bestätigte gegenüber *Merum*, dass eine immense Anzahl (neunzig Prozent) der angeblichen extra nativen Öle gefälscht waren – ein Skandal für das Ansehen und den Markt des Olivenöls in aller Welt! Mugellis Aussage nahm das in Italien führende Olivenöl-Unternehmen Carapelli S. p. A. zum Anlass, eine Schadensersatzklage in Millionenhöhe sowie eine Strafanzeige mit Antrag auf Freiheitsstrafe gegen Mugelli anzustrengen.

Als mir Marco von diesen Geschehnissen berichtete, festigte sich mein Entschluss, dieses Buch zu schreiben – und sei es nur, um die Verbraucher dieser Welt auf die so erbärmliche Lage des Marktes aufmerksam zu machen.

Bedauerlicherweise hat sich seitdem die Situation überhaupt nicht verbessert. Jüngste Probensondierungen und anschließende Verkostungen sowie chemische Analysen durch solvente private oder unabhängige Institutionen – wie etwa die Universität von Kalifornien oder, erstaunlicherweise, die Regierung der Provinz Andalusien – haben den gewaltigen Betrug mit extra nativem Olivenöl (dem theoretisch besten Olivenöl) bewiesen!

20 aus dem Gedicht »Kläffer« (1808)

Auch das renommierte deutsche Gourmet-Magazin *Der Feinschmecker* hatte 2003 begonnen, einen Großteil der eingesandten extra nativen Olivenöle als geschmacklich miserabel einzustufen – und in aufwändigen chemischen Analysen wurde nachgewiesen, dass »extra native« Olivenöle aus Supermärkten wie Aldi und Lidl offenbar in Raffinerie-Anlagen erhitzt worden waren, um ihre stichigen und ranzigen Fehlnoten zu neutralisieren. Eine klar illegale Methode. Die Veröffentlichung der wissenschaftlich fundierten Ergebnisse führte dazu, dass z. B. Aldi den solcherart überführten Importeuren von Billig-Öl die Geschäftspartnerschaft aufkündigte.[21]

Am 27. April 2011 beklagte sich José Carlos Capel, Gastro-Kritiker einer der führenden spanischen Tageszeitungen – *El Pais* – bitterlich in seinem Blog[22]: »Die Situation der Öle in unserem Land wird immer unerträglicher [...] in Spanien brauchen wir niemanden zu ermutigen, Olivenöl zu verwenden, sondern wir müssen eine Kultur entwickeln, die uns komplett fehlt [...] Schaut Euch in einem beliebigen Supermarkt die Regale an. Von zehn Flaschen, auf deren Etikett *extra virgen* ausgewiesen ist, ist in 8 oder 9 Flaschen genau das nicht drin [...] Ich habe es dermaßen satt, dass diese falschen extra nativen Öle in den Restaurants noch jedes Gericht ruiniert haben [...] Deshalb bewundere ich die wenigen Produzenten und Abfüller, die extra native Olivenöle in kleinsten Mengen herstellen!«

Die EU blieb untätig, aber in den USA reagierte die Food & Drug Administration (FDA)[23]: Sie veröffentlichte Richtlinien und Verordnungen zur Vermarktung von extra nativen Olivenölen. So muss zum Beispiel auf dem Etikett der Biophenol-Gehalt ausgewiesen werden. Doch auch die EU-Behörden – gefolgt von den Instanzen, die für die Kontrolle des Olivenölmarkts verantwortlich sind, angefangen mit dem International Olive Council (IOC)[24] – müssen sich früher oder später mit diesem un-

21 Siehe *Der Feinschmecker* 05/2005. Die Analysen wurden von Dr. Christian Gertz vom Chemischen Untersuchungsamt Hagen durchgeführt; seine bahnbrechende Analyse der Diglyceride im Olivenöl wird seitdem als »Gertz-Methode« in aller Welt angewandt.

22 blogs.elpais.com/gastronotas-de-capel

23 Die FDA ist die behördliche Lebensmittelüberwachung und Arzneimittelzulassungsbehörde der Vereinigten Staaten

24 Das IOC untersteht den Vereinten Nationen und kümmert sich um alle Belange des Olivenöls.

erträglichen Maß an Betrügerei auseinandersetzen. Denn selbst wenn man annimmt, dass der Schwindel dem Verbraucher gesundheitlich nicht schadet, so unterminiert er doch auf fatale Weise die Glaubwürdigkeit der Behörden, deren wesentliche Aufgabe es ja ist, dem Verbraucher ein Höchstmaß an Transparenz und Information zu geben.

So konnte ich also, fast sechzig Jahre nach dem Besuch bei meinem Großvater, meine beiden Verpflichtungen erfüllen: Die Weine und die Öle von Valdepusa verkaufen sich in vielen Ländern (und werden geschätzt!); gleichzeitig trägt unser Engagement in Forschung und Entwicklung zur Modernisierung und Wettbewerbsfähigkeit der Wein- und Olivenölindustrie bei.

Wie wir am *Merum*-Skandal und an den Problemen auf dem Ölmarkt überhaupt sehen können, sind Name und Image des extra nativen Olivenöls durch Betrügereien der großen Industrie nachhaltig entwertet worden, ähnlich dem Begriff des »Balsamessigs« (aceto balsámico), der heute fast immer als künstliche dünnflüssige Würzsauce verkauft wird und mit dem noblen, kostbaren Gut von einst nichts mehr zu tun hat.

In der Vergangenheit wurde Olivenöl als sehr kostbarer Schatz der Natur angesehen. Um zu verdeutlichen, was Olivenöl für die Menschen seit je bedeutet hat, möchte ich mit mächtigen Schritten zunächst in die Vergangenheit schreiten – aus der wir dann später in die Gegenwart und Zukunft zurückkehren werden.

EINE FÜNF JAHRTAUSENDE ALTE GESCHICHTE

SYMBOL DES MITTELMEERS

Das Klima, das wir als ›mediterran‹ definieren, manifestiert sich auf kleinstem, aber dennoch bedeutendem Raum auf unserem Planeten. Dieser winzige Raum macht gerade einmal ein Prozent der landwirtschaftlich genutzten Fläche der Erde aus. Das Klima wird durch eine relativ nasse und kalte Jahreszeit charakterisiert, die recht spät im Herbst beginnt und früh im Frühling endet, gefolgt von einer langen trockenen, sonnigen und warmen Jahreszeit, die das Ende des Frühlings, den Sommer und einen Teil des Herbstes umfasst. Es existieren natürlich vielerlei Varianten, die von unterschiedlichen Faktoren wie der Nähe zum Meer, der Höhe über dem Meeresboden und der geographischen Breite abhängen. Aber die grundlegenden Eigenschaften sind in allen Regionen rund um das Mittelmeer gleich – auf all den zahlreichen Inseln und in einem großen Teil des Landesinneren seiner größeren Halbinseln, wie der Griechischen, der Italienischen und der Iberischen Halbinsel. Auf den großen Halbinseln herrschen stärkere Temperaturschwankungen, ihr Klima bezeichnet man daher als mediterranes Kontinentalklima.

Das echte, authentische Mittelmeer definiert die Grenzen dreier Kontinente: den Süden Europas, den Norden Afrikas und den Westen Asiens, den sogenannten Nahen Osten. Seit Beginn unserer Zivilisation diente das *mare mediterraneum* als wesentlicher Weg für den kulturellen und wirtschaftlichen Austausch.

Aber die namengebende Region ist nicht die einzige auf der Welt mit solch einem Klima: Kalifornien und einige Regionen Chiles, Argentinien auf beiden Seiten der Anden, der äußerste Süden Südafrikas sowie Australien – im äußersten Südosten und Osten – haben durchs Jahr gesehen ähnliche Wetterbedingungen.

Die außerordentliche wirtschaftliche und kulturelle Bedeutung des mediterranen Klimas hat verschiedene Gründe:

- Es produziert die größte Vielfalt an Obst und Gemüse auf der Erde.
- Sein sonniges, relativ trockenes und mildes Wetter zieht Jahr für Jahr viele Touristen an sowie Auswanderer in immer größerer Zahl, mehr als jede andere Region der Welt.
- Seine einzigartige Landschaft begeistert die Menschen, beginnend bei wunderschönen Meeresküsten, über die vielfältige Landwirtschaft bis hin zum sogenannten mediterranen Wald, der aus einer Mischung aus Bäumen und einer Vielzahl von dürreresistenten Sträuchern besteht, darunter Hunderte von aromatischen Gewürzen und Kräutern.
- Sein spezifisches Ernährungsmodell, die mediterrane Diät, ist zum Vorbild für die westlichen Industrienationen geworden. Diese von Medizinern weltweit gepriesene Diät besteht aus Getreide, Obst, Gemüse, Trockenobst (Pinienkernen, Mandeln, Kastanien, Nüssen), Fisch, Käse, frischen Kräutern, Wein und Olivenöl – alles Produkte aus der Region.
- Seine Kulturen und Religionen haben substanziell die Werte der abendländischen Kultur, ihre Philosophie und ihr Rechtsempfinden beeinflusst.

Wenn nun ein einzelner Baum und ein einziges Lebensmittel existieren, die die Gesamtheit dieser bioklimatischen und kulturellen Faktoren des Mittelmeergebiets verkörpern, sind es ohne Zweifel der Olivenbaum und das Olivenöl! Anders als viele andere mediterrane Nutzpflanzen, wie Gemüse (etwa die Tomaten) oder Weinreben, die vielleicht aus anderen Teilen der Welt stammen und dort angebaut werden können, gedeiht der Olivenbaum tatsächlich nur wirklich gut in diesem einzigartigen Klima. Das Olivenöl kann daher als Symbol des Mittelmeerraums gelten, als Synthese par excellence seiner kulinarischen, diätetischen und landschaftlichen Werte.

EBLA: URSPRUNG DER HERSTELLUNG UND DES HANDELS VON OLIVENÖL

Um die Herkunft des Olivenöls zu ergründen, müssen wir unsere Aufmerksamkeit auf das Gebiet lenken, das an der Straße von Gibraltar beginnt und im Nahen Osten endet und mit Levante bezeichnet wird. Einige legendäre Stadtstaaten dieser Region, Zulieferer und kulturelle Quelle wiederum für größere Zivilisationen wie die Hochkulturen von Mesopotamien und Ägypten, waren unbestreitbar die Schöpfer des Olivenöls – und die ersten, die seinen Gebrauch verbreiteten.

ETYMOLOGIE

Etymologisch stammen die Begriffe für den Olivenbaum und das Öl von dem semitischen Wort *ulu* ab, das später für die Kreter zu *elaiwa* wurde, zu *elaia* (für Baum und Frucht) bzw. *elaion* (Olivenöl) bei den Griechen und schließlich zu *oleum* bei den Römern, deren Begriff für praktisch alle europäischen Sprachen Pate stand. Im Gegensatz dazu stammt das kastilische *aceite* von dem jüdischen *zait*, dem Ursprung der arabischen Vokabel *al-zaytum*.

Der berühmte Pharmakologe Pedanios Disocurides (ca. 40–90 n. Chr.), Autor eines der berühmtesten medizinischen Traktate der klassischen Antike, nennt den wilden Ölbaum *zebbuj* – offensichtliche Herkunft des Berberworts *azzemur* und des kastilischen *acebuche*. Im alten Ägypten wurde der Olivenbaum mit *tat* bezeichnet, die Wurzel dieses Wortes ist in Nordafrika im berberischen *tazzemmourt* erhalten geblieben.

Die Ursprünge des Olivenanbaus reichen bis in das dritte vorchristliche Jahrtausend zurück – aus dieser Zeit stammen die ältesten schriftlichen und daher gesicherten Zeugnisse über Anbau und Produktion.

Aus dem sechsten Jahrtausend v. Chr., dem Beginn der Jungsteinzeit, haben Archäologen Reste von dörflichen Ansiedlungen gefunden: kleine Ansammlungen von Gemeinwesen, deren Bewohner sowohl Ackerbau als auch Viehzucht – Schafe, Ziegen, Rinder und Schweine – betrieben. Die erste städtebauliche Wohnsiedlung nahm erst gegen Ende des vierten vorchristlichen Jahrtausends im Euphrat-Tal Gestalt an. Ihre großartigste Ausprägung waren die Städte Mesopotamiens im heutigen Irak. Viel weiter nördlich entstanden befestigte Siedlungen wie Tell Afis oder die Stadt Ebla, die in vielen babylonischen und ägyptischen Inschriften erwähnt wird.

Ebla verschwand für Jahrtausende – bis zur Wiederentdeckung in den sechziger Jahren durch Paolo Matthiae, Professor an der Universität La Sapienza in Rom. Ebla war ein Fürstentum, dessen Einfluss sich über ein weites Gebiet erstreckte und einen fruchtbaren Landstrich im Osten einschloss (heutiges Zentrum ist Idlib in Syrien). Dieser war möglicherweise Heimat des ersten domestizierten Olivenbaums. Auch heute noch ist diese Zone wichtigstes Olivenanbaugebiet Syriens.

EINE DENKWÜRDIGE EXKURSION

Im Frühling 2008 reiste ich von Kairo nach Damaskus. Ich war mit Wissam Habib, einer renommierten syrischen Archäologin und Mitarbeiterin von Professor Matthiae, dem Ausgräber und Entdecker Eblas, verabredet.

Wir brachen früh gen Idlib auf, wo wir das örtliche archäologische Museum besuchten, das neben vielen anderen interessanten archäologischen Artefakten auch einige wunderschöne, viertausendjährige Ölkannen aus gebranntem Ton beherbergt. Von dort aus durchstreiften wir die Pionierregion des Olivenanbaus. Tausende von Olivenbäumen schmückten mit ihren silbernen Wipfeln die sanft gewellten Hügel. Der Boden bestand aus jener magischen Kombination von rotem Lehm über Kalkgestein, die sich, begrenzt fruchtbar, aber perfekt Wasser zu- und ableitend, bemerkenswert gut zum Anbau von Oliven und Wein eignete. Ich erinnerte mich an die Hänge der Côte d'Or in Burgund, wo das Klima für Olivenbäume zwar zu kalt ist, wo aber das gleiche Bodenprofil einen der berühmtesten Weinberge der Welt mit unschlagbarem Substrat versorgt. Es musste schon ein ganz besonders privilegiertes Terroir wie dieses hier sein, dachte ich, ganz Agronom, auf dem man vor fünftausend Jahren mit der für die

Menschheit so ungemein wichtigen Pflanzung und Züchtung begann.

Wir besuchten die malerischen Ruinen der byzantinischen Basilika von Serjilla, einschließlich einer zweitausend Jahre alten, aber vollständig erhaltenen Ölmühle, und kamen in Ebla, in der Nähe des heutigen Tell Mardikh, zur magischen Stunde des Sonnenuntergangs an. Ich begriff sofort, dass ich mich an einem einzigartigen Artefakt befand: die Überreste des königlichen Palasts im Zentrum, umgeben von einer breiten Hügelkette, die, wie man mir erklärte, die ursprüngliche Stadtmauer verbirgt.

Eine der neben den Küchen gelegenen Räumlichkeiten des Palasts enthielt eine Reihe von auf glattem Untergrund aufgestellten, sehr verwitterten Zylindern aus Stein, die, wie mir Wissam erklärte, zum Olivenmahlen benutzt worden waren.

Die ortsansässigen Wärter, ganz begeistert von dem unerwarteten Besuch der Archäologin, boten uns Tee an. Mit der auf Arabisch geführten Konversation als Hintergrundmusik, betrachte ich den herrlichen Sonnenuntergang über den alten Mauern und war tief bewegt von dem Gedanken, dass ich endlich an dem magischen Ort war, wo sich vermutlich die Wiege des Anbaus und Handels von Olivenöl befindet, fast zweieinhalbtausend Jahre vor seinen berühmten Erwähnungen in der Bibel.

Ab 2700 v. Chr. herrschte der Fürst von Ebla im Königspalast, einem politisch-administrativen Bau, der etwa sechzig Kilometer südlich der heutigen syrischen Stadt Aleppo liegt, über ein knappes Hundert kleiner ackerbauender und viehzüchtender Siedlungen.

Im Innern des Palasts fanden Matthiae und sein Grabungsteam das königliche Archiv mit 30 000 Keilschrifttafeln. Es sind vor allem Verwaltungsaufzeichnungen in einer ausgestorbenen semitischen Sprache – dem Eblaitischen –, die sich hauptsächlich sumerischer, das heißt aus Mesopotamien stammender Logogramme (Hieroglyphen) bedient. Sie können auf Mitte des 24. vorchristlichen Jahrhunderts datiert werden. Es sind, zusammen mit den in der mesopotamischen Stadt Lagaš gefundenen Aufzeichnungen, die ältesten schriftlichen Quellen der Menschheit über Ernährung und Landwirtschaft – wir erfahren durch sie präzise Details aus diesen Bereichen von vor 4400 Jahren. Die Bewohner von Ebla kannten sich sehr gut aus im Anbau von Getreide wie etwa Gerste, die sie in sämtlichen von uns heute auch angewandten Varianten verarbeiteten, das Bierbrauen eingeschlossen. Auch andere Getreidesorten nutzten sie, darunter Hartweizen, das qualitativ hochwertigste, das ausschließlich dem Monarchen vorbehalten blieb. Sie betrieben eine Zweifelderwirtschaft, was eine sinnvolle Fruchtfolge – wie Erbsen, Linsen, Zwiebel- und Knoblauchgewächse – ermöglichte. All diese Pflanzen waren wichtige Bestandteile ihrer eindeutig mediterran geprägten Ernährung. Obst wird in den Aufzeichnungen nicht erwähnt, da es – an den Ackerrainen der eigentlichen Felder gepflanzt – vermutlich nicht als Handelsware diente.

Der Weinkonsum war sehr beschränkt: Wie im alten Ägypten handelte es sich dabei um ein rares und teures Getränk, das dem Herrscher und seinem Hofstaat zu zeremoniellen Zwecken und anderen wichtigen Anlässen vorbehalten blieb. Im Gegensatz dazu nehmen die Angaben in Bezug auf Olivenöl großen Raum ein und sind von großer Genauigkeit. Ganz offensichtlich spielte Olivenöl eine wichtige Rolle in der Landwirtschaft, der Ernährung und in den Handelsbeziehungen der Eblaiten. Eine der Tontafeln beziffert die Vorräte der Stadt mit 4000 Krügen Öl nebst weiteren 7000 Krügen, die über das Herrschaftsgebiet verstreut gelagert wurden. Das ergibt – ausgehend von einem Fassungsvermögen von etwa 30 Litern pro eblaitischen Krug – Vorräte einer Größenordnung von annähernd 330 000 Litern. Gemessen an der geschätzten Gesamtbevölkerung von vielleicht 10 000 Personen eine sehr ordentliche Menge! Geht man von vermutlich geringen Erträgen von etwa zweieinhalb Kilo Oliven pro Baum und Jahr aus, bedingt durch die eher primitiven Anbaumethoden dieser Zeit, ergibt sich daraus ein Gesamtbestand von 130 000 Olivenbäumen. Bei der traditionellen Bepflanzung sind das mindestens 2000 Hektar: eine für diese Epoche überraschende Größenordnung.

Andere Tafeln beschreiben Transaktionen von Olivenöl zu einem fünfmal höheren Preis als Wein, ein Verhältnis, das auch heute noch im Markt vorkommt.[1] Wieder andere erwähnen königliche Inspektoren,

1 Zu denken wäre beispielsweise an das sehr gute, ausgesprochen kostbare Öl der Fattoria di Felsina in der Toskana, das zu etwa 100 Euro pro Liter angeboten wird.

Die heutigen Grabungsstätten Ebla

die die Qualität und Reinheit des Olivenöls kontrollierten und etwaigen Betrug bestraften. Eblas geostrategisch günstige Lage an den wichtigsten Wasserstraßen der Region – Euphrat und Mittelmeer – verband den Stadtstaat mit den beiden großen Zivilisationen und Verbrauchermärkten jener Zeit: Mesopotamien und Ägypten. Die Möglichkeit, exklusiv derart wohlhabende Kunden mit einem Mehrzweck-Elixier wie Olivenöl zu beliefern, trug zweifelsohne dazu bei, dass für Ebla das Goldene Zeitalter im dritten Jahrtausend v. Chr. begann. Auch andere Städte wurden durchs Öl reich: Zum Beispiel Ugarit (im Nordosten des heutigen Syrien), wo das erste Alphabet erfunden wurde. Das Alphabet wird den Phöniziern ein Jahrtausend später (1400 v. Chr.) den Weg ebnen, den Mittelmeerraum kommerziell zu erobern. Auch die wunderschöne Stadt Palmyra profitierte: Sie lag mitten in der Wüste an einer der wichtigsten Karawanenstraßen zwischen Mittelmeer und Euphrat-Tal und wurde durch den Handel reich.

DIE INSEL DER OLIVENBÄUME: KRETA

Die schönste der großen Inseln im Mittelmeer – von denen die meisten mit spektakulären, uralten Landschaften voller Olivenbäume und wilder Olivensträucher gesegnet sind – ist jene, die man seit jeher am stärksten mit der Geschichte des Olivenbaums und seines Öls verbindet: das herrliche Eiland Kreta im östlichen Mittelmeer.

Kreta gilt einigen Autoren als Ursprung des Olivenanbaus, einige künstlerische Darstellungen deuten auf einen Zeitpunkt um 2500 v. Chr. hin. Allerdings fanden sich dafür bisher keine schriftlichen Belege aus dieser Epoche – wie etwa in Ebla.

Fünf Kilometer von Heraklion[2] entfernt liegt die touristische Hauptattraktion der Insel: der Palast von Knossos. Er wurde wohl um 1900 v. Chr. erbaut, obwohl die meisten der Ruinen, die heute zu besichtigen sind, zu Gebäudeansammlungen aus der Zeit um 1700 v. Chr. stammen, als der alte Palast nach einem Erdbeben wiederaufgebaut wurde. Die herrlichen farbigen Fresken und Objekte, die der britische

2 Heraklion, das in der Zeit der Herrschaft der Republik Venedig (14. bis 17. Jahrhundert) über die Insel Kreta Candia hieß, war 1541 die Geburtsstätte des berühmten Malers Domínikos Theotokópoulos, in Spanien als *El Greco* bekannt. Er ließ sich später in Toledo nieder, wo er eine große Werkstatt unterhielt.

Archäologe Sir Arthur John Evans zwischen 1900 und 1931 entdeckte, bezeugen die enorme Verfeinerung der ersten europäischen Hochkultur.

Es handelt sich um die minoische Kultur, die bis dahin nur aus der griechischen Mythologie bekannt war und die später in der mykenischen Kultur aufgehen sollte, die ihren Ursprung in Griechenland hatte.

Homer erwähnt die Insel Kreta in seiner *Odyssee*: »Kreta ist ein Land im dunkelwogenden Meere, / Fruchtbar und anmutsvoll und ringsumflossen. Es wohnen / Dort unzählige Menschen, und ihrer Städte sind neunzig: / [...] Ihrer Könige Stadt ist Knossos, wo Minos geherrscht hat, / Der neunjährig mit Zeus, dem großen Gotte, geredet.«[3]

Die griechische Mythologie besagt, dass Minos, der legendäre König von Kreta, ein Sohn des Gottes Zeus und der Königstochter Europa gewesen sei und den kretischen Thron mit Hilfe Poseidons errang.

Kreta bot den Erzeugern von Olivenöl ein natürliches Paradies von wilden Ölbäumen, die bis in unsere Tage überlebt haben und deren Baumbestand, so man einheimischen Quellen Glauben schenken möchte, mehr als 30 Millionen Exemplare beträgt. Die Flora dieser privilegierten Insel kennt mehr als 2000 mediterrane Arten, von denen über 150 nur in ihrem Habitat vorkommen. Mit Ausnahme der schroffsten und im Winter schneebedeckten Zonen und besonders fruchtbaren Ebenen wachsen die wilden oder aufgepfropften Ölbäume auf der ganzen Insel, wobei sie am dichtesten im Westteil stehen. Das kretische Olivenöl, das ganz überwiegend von der *Koroneiki*-Olive stammt, spielte eine wichtige, wenn nicht gar die wichtigste Rolle in dem Wachsen Kretas zur Wirtschaftsmacht und in der Folge – denn Reichtum erzeugt fast immer Lebensqualität – zur ersten europäischen Hochkultur, die 1500 Jahre lang blühen sollte.

Die vorzügliche geographische Lage ihrer Insel – in der östlichen Mittelmeerregion herrschen günstige Nordwinde vor – nutzten die Kreter, um ihr ›flüssiges Gold‹ an die wohlhabendsten Völker und Reiche jener Zeit wie Ägypten und die phönizischen Stadtstaaten Tyros, Sidon, Byblos und Ugarit zu verkaufen. Später belieferten sie griechische Städte – Ithaka, Pylos, Tiryns, Mykene und Athen – und die an der Ostküste der heutigen Türkei gelegenen lydischen Städte wie Troja und Milet sowie Rhodos und die Kykladen. Im Gegenzug importierten sie Gold, Silber,

3 Odyssee, 19. Gesang, Vers 172-179 (nach Johann Heinrich Voß)

Der Palast von Knossos

Elfenbein (das sie als Intarsien für ihre prächtigen Möbel verwandten) und Bronze. Unverzichtbare Begleiter des Olivenöls waren seine Gefäße für Transport und Aufbewahrung – Amphoren und andere anspruchsvoll gefertigte Keramiken.

Der Komplex des Palastes von Knossos, den man gegenwärtig besichtigen kann – eine der größten Touristenattraktionen Griechenlands – stammt aus der sogenannten jüngeren Palastzeit (1720–1450 v. Chr.). In seinen Kellerräumen fand man zahlreiche Fässer, die den noch heute im Mittelmeerraum in den traditionellen Ölmühlen gebräuchlichen Tonbehältern für Olivenöl ähneln. Außerdem stieß man auf Tontafeln aus verschiedenen Epochen: Die ältesten – aus der minoischen Periode stammend und als *Linearschrift A* bekannt – konnten bisher nur ansatzweise entziffert werden. Die anderen Tontäfelchen, die Inschriften in *Linearschrift B* tragen – 14. bis 13. Jahrhundert v. Chr. –, stammen aus der Zeit vor der Invasion der Insel durch die Mykener, ein Volk von der griechischen Halbinsel (etwa 1450 v. Chr.), und wurden von dem britischen Architekten und Sprachforscher Michael Ventris entziffert. Sie stellen nicht weniger als das erste historische Archiv in (mykenisch-)griechischer Sprache dar. Es handelt sich hierbei um eine archaische Variante, die fünf Jahrhunderte vor Homer in Gebrauch war und die beweist, dass Griechisch – nach dem Chinesischen – die älteste lebende Sprache der Erde ist.

Auf einigen dieser Tontäfelchen ist der rege Geschäftsverkehr in Sachen Olivenöl verzeichnet, den die mykenisch-kretische Flotte zu einigen Ländern unterhielt – insbesondere zu dem von den Pharaonen der 18. Dynastie regierten Ägypten.

Sowohl für die Kreter als auch für die übrigen Mittelmeeranrainer, mit denen sie Handel trieben, bedeutete Olivenöl viel mehr als nur ein Nahrungsmittel. Tatsächlich symbolisierte es in mehrfacher Hinsicht den hohen Lebensstandard und die Kultiviertheit, welche die neuen Zivilisationen des Mittelmeerraums und des Nahen Ostens mittlerweile erreicht hatten: Es wurde täglich bei Tisch genossen, mit anderen Speisen kombiniert, überdies spendete es Licht, diente als Schmiermittel sowie, zusammen mit anderen ätherischen Ölen, als Kosmetikum.

Die außerordentliche Vorliebe und Treue der Kreter für gutes Olivenöl – über vier bis fünf Jahrtausende hindurch – ist die Ursache für ihren heute im Vergleich weltweit höchsten Pro-Kopf-Verbrauch von Olivenöl. Und so spielen die Insulaner eine sehr gewichtige Rolle in der berühmten Sieben-Länder-Studie des Ernährungswissenschaftlers Ancel Keys, der im Jahr 1970 für die Welt die überlegenen Vorteile der Mittelmeer-Diät wiederentdeckte.

Griechische Amphore mit einer Darstellung der Olivenernte von dem Maler Antimenes aus dem Jahr 520 v. Chr.

DER URALTE OLIVENBAUM VON ANISARAKI

Die Landschaft im Westen Kretas sah zu Homers Zeiten wohl schon genauso aus wie heute. Die Wälder wilder Olivenbäume erstrecken sich vom Meer über die Steilhänge bis in beträchtliche Höhen und ergeben, wenn die Oliven ihren nach modernen Gesichtspunkten optimalen Reifegrad erreicht haben, das sogenannte *agoureleo*, wörtlich ›unreifes Öl‹, von herrlich hellgrüner Farbe. Schon die Küstenstadt Chania lohnt einen Besuch, mit ihrem wunderschönen venezianischen Viertel mit kleinen Hotels, Restaurants, Geschäften voller Kunsthandwerk und dem alten Seehafen. Von dort ist ein Ausflug nach Kandanos nicht weit, einem winzigen Dörfchen nahe Anisaraki. In Anisaraki steht der eindrucksvollste Olivenbaum, den ich jemals gesehen habe: Sein Stamm hat einen Durchmesser von 4,32 Metern. Unter Berücksichtigung der Tatsache, dass es sich hierbei um einen wilden Olivenbaum (*Oleastrum*) handelt, der vor Urzeiten aufgepfropft wurde und der anders als die gezüchtete Spezies einerseits langlebiger ist, andererseits langsamer wächst, ist es kaum verwunderlich, dass ein Team von Archäobotanikern und Agronomen das Alter des Baumes auf über 3000 Jahre datieren konnte.[4]

Bei meinem letzten Besuch des Baumes in Begleitung meiner Tochter Tamara und meines Freundes José Luis ›Pepe‹ Botella, renommierter spanischer Fotograf, wurde mir bewusst, dass ich mich höchstwahrscheinlich im Schatten eines minoischen Olivenbaums befand – und somit des einzigen lebenden Zeugen jener mythischen Zeiten, in denen Kreta in seiner ganzen Pracht und Blüte erstrahlte.

Obwohl die einheimischen Bauern ihn als *dekaokturea* einschätzen, einen Olivenbaum, der mehr als eine Tonne Oliven hervorbringen kann, beträgt seine aktuelle Ausbeute zwischen 80 und 100 Kilogramm – für einen dreitausendjährigen Baum noch eine sehr respektable Menge!

4 Die Studie wurde von den Doktoren N. Michelakis (Agronom) und A. Sarpaki (Archäobotanikerin) durchgeführt. Für die Messungen zeichnete Dr. Vasilaki (Agronom) verantwortlich. Die Schätzung basiert auf dem durchschnittlichen Wachstum der Jahresringe in Oleasterstämmen und den angeführten Messungen. Die Geburtsstunde des Baumes entspricht der subminoischen Epoche (Protogeometrische Periode 1100–800 v. Chr.).

DAS ERSTE SEEHANDELSIMPERIUM DER GESCHICHTE

Neunzig Kilometer Luftlinie westlich von Tell Mardikh, dem antiken Ebla, liegt der Ort Ra's Schamra. Im Mai des Jahres 1929 entdeckten die französischen Archäologen Claude Frédéric-Armand Schaeffer und Georges Chevet dort die kanaanitisch-phönizische Stadt Ugarit, wo um 1400 v. Chr. eine für den Fortschritt der Menschheit entscheidende Erfindung gemacht wurde: das Alphabet.

Anders als die sumerischen oder ägyptischen Schreiber, die einige Hundert Ideogramme – ein System, das heute auch noch im Mandarin benutzt wird – lernen mussten, um ihre Tontafeln mit Keilschrifttexten oder Hieroglyphen zu versehen, hatten sich die Phönizier einen kurzen Code von gerade einmal 28 Buchstaben ausgedacht, um jegliches Wort in ihrer Sprache und damit sämtliche ihrer Ideen zu transkribieren. Tatsächlich passt das Alphabet von Ugarit auf ein Tontäfelchen mit winzigen Abmessungen: 5,1 × 1,6 Zentimeter.

Ein intellektuell derart anspruchsvoller Fortschritt kann nur in einer elaborierten Gesellschaft stattfinden. Unter der Bevölkerung von Ugarit befanden sich große Schriftsteller und Philosophen. Spätere Ausgrabungen zeigten, dass sich innerhalb der Stadtmauern eine bedeutende Bibliothek und eine Schule für Schreiber – als Lehrer waren dort Priester tätig – befanden. In der Stadt wurden nicht weniger als acht Sprachen gesprochen, darunter das Phönizische, das Babylonische – die Sprache der Diplomatie in jener Zeit –, das Sumerische – Sprache der Theologen und Juristen –, das Ägyptische, das Hethitische sowie eine bisher unbekannte Sprache, deren Schriftzeichen denen der Zyprioten und Kreter ähnelten.

Die an dem Küstenstreifen zwischen den heutigen Staaten Syrien, Libanon und Israel gelegenen kanaanitisch-phönizischen Stadtstaaten bildeten nie eine politische Einheit. Jede Stadt war eine eigene Monarchie, doch bildete sich bald ein reger Handel aus. Erste Handelsunternehmungen waren der Export von Holz aus den Zedern- und Fichtenwäldern des Libanons sowie von Öl und Wein. Später bereicherten viele weitere Produkte mit hohem Mehrwert den Seehandel, wie etwa kostbare Keramiken, Elfenbeinschnitzereien oder die berühmten, von allen Mittelmeervölkern hochgeschätzten scharlachroten Stoffe, die mit dem Sekret von Purpurschnecken gefärbt wurden.

Mit meiner dreißigjährigen Tochter Tamara am hundertmal älteren Baum von Anisaraki auf Kreta

Von den Häfen in Ugarit, Tyros und Byblos ausgehend, entwickelte sich das erste Seehandelsimperium der Geschichte. Grundsteine ihres Erfolgs waren ihre fortschrittliche Kultur, ihr seefahrerisches Können und ihr Verhandlungsgeschick. So zum Beispiel verbündete sich im 10. Jahrhundert v. Chr. die Stadt Tyros mit dem Königreich Israel, um gemeinsam mehrere Expeditionen im Mittelmeer und Rotem Meer zu unternehmen. Welch großartiges Beispiel, dem heutige Generationen von Syrern, Libanesen, Palästinensern und Israelis folgen könnten, die sich nicht nur dieselbe Mittelmeerküste, sondern auch eine vieltausendjährige Kultur – die des Olivenöls eingeschlossen – teilen!

Vom 12. bis zum 9. Jahrhundert v. Chr. gründeten die Phönizier Dutzende von Kolonien im gesamten Mittelmeerraum. Dazu gehörten unter anderem verschiedene Städte auf den wichtigsten Inseln: die Hafenstädte Zyperns, die als Handelsstützpunkte dienten, Mozia und Lilybaeum auf Sizilien, Nora und Tharros auf Sardinien oder auch Ebusim (an der Ostseite der Hafenbucht des heutigen Ibiza).

Im Jahr 1100 v. Chr. – so der römische Geschichtsschreiber Velleius Paterculus – gründeten die Phönizier Gadir (heute Cádiz) an der äußersten Grenze der bekannten Welt und erschufen so die erste westeuropäische Stadt, die es ihnen erlaubte, den Kreis ihres mittelmeerischen Reiches zu schließen. Chronologisch folgten darauf die Städte Malaka (Málaga), Sexi (heute Almuñecar) und Qart Hadašt (in römischer Zeit dann Carthago Nova, heute Cartagena) an der Südostküste des heutigen Spaniens.

Ihre größte territoriale Macht übten sie allerdings an der nordafrikanischen Küste aus: Karthago, zwischen 846 und 813 v. Chr. gegründet, wird zur Hauptstadt eines Reiches, das sich von der Küste von Leptis Magna (Lebda im heutigen Libyen) bis nach Migdol (auch Mogadur, heute Essaouira) an der marokkanischen Atlantikküste erstreckte.

GADIR

Es bestehen Zweifel bezüglich des genauen Standorts der phönizischen Stadt Gadir. Einige Archäologen vermuten sie in der Nähe von El Puerto de Santa María, wenige Kilometer von Cádiz entfernt. Mittlerweile hat man unter einem Theater in Cádiz menschliche Überreste gefunden, deren DNA sie zweifelsfrei als Phönizier identifiziert.

Auf jeden Fall staunten die Phönizier – echte Kenner des Olivenbaums und seines Anbaus – nicht wenig über den außergewöhnlichen Reichtum an wilden Olivenbäumen an der gaditanischen Küste und im Landesinnern; daraus folgerten sie, dass sie ein wahres Paradies des Olivenanbaus gefunden haben mussten. Der Naturpark Los Alcornocales, den die alte Ruta del Toro von Jérez de la Frontera bis Algeciras durchquert, könnte ohne weiteres auch ›Park der Olivenbäume‹ heißen, und er legt bis heute Zeugnis davon ab, was sich den Phöniziern schon vor Tausenden von Jahren bot.

Von Massalia (Marseille) gelangten die Phönizier auf der Suche nach Zinn über Wasserstraßen wie die Rhône, die Loire oder die Garonne zu den Kanalinseln und bis an die englische Südküste. In den neunziger Jahren wurde eine weitere phönizische Handelsniederlassung, Abul, knapp 50 Kilometer nordöstlich von Lissabon, entdeckt.

Auch heute noch verursachen die Expeditionen der Phönizier großes Erstaunen. Z. B. gelang ihnen wohl 600 v. Chr. als Ersten die Umsegelung des afrikanischen Kontinents. Oder die bemerkenswerten Leistungen des karthagischen Admirals Hanno, der den Golf von Guinea und vermutlich die Azoren erreichte. Oder die oben schon erwähnten, alle drei Jahre stattfindenden Expeditionen, die der König von Tyros und der israelitische König Salomo finanzierten und die, so weiß es die Bibel, mit gewaltigen Ladungen von Gold, Silber, Elfenbein, Affen, Papageien und Mahagoni[5] zurückkehrten. Nicht von ungefähr wetterte der Prophet Ezechiel gegen die absolute Herrschaft der phönizischen Hauptstadt Tyros über die damals bekannte Welt!

Die Phönizier waren so erfolgreich, weil sie sich darauf konzentrierten, Handel zu treiben und dabei die Herstellung von Gütern durch fachkundige, zum Teil extrem spezialisierte und geographisch oft weit entfernte Erzeuger zu fördern. So stammte ihr Kupfer aus Zypern, Gold und Silber aus Äthiopien, Kleinasien oder aus dem Königreich Tartessos an der Südküste der Iberischen Halbinsel, das Elfenbein aus Indien oder Zentralafrika und das Holz aus ihrem eigenen Land, dem Libanon. Als sie schließlich sämtliche ihrer sagenumwobenen Zedern- und Pinienwälder abgeholzt hatten, richteten sie ihr Augenmerk auf die Hänge des marokkanischen Atlasgebirges. Man könnte durchaus behaupten, dass die Phönizier an eine internationale Arbeitsteilung glaubten – ein Konzept, das in unserer globalisierten Gesellschaft seine volle Gültigkeit erreicht hat!

Ich habe recht detailliert die phönizische Expansion beschrieben, da sie einen außerordentlichen Einfluss auf die Verbreitung des Olivenöls ausübte: Viele Völker, die seine vielfältigen Anwendungsmöglichkeiten nicht kannten, wurden gleichsam in Gebrauch und Verzehr desselben eingeweiht. Die Phönizier, als gewiefte Geschäftsleute, waren immer

5 Siehe etwa 1 Könige 10, 10–11 und 2 Chronik 9, 10.

daran interessiert, Anzahl und geographische Streuung ihrer Olivenöl-Quellen und das Transportaufkommen von nicht verderblichen Waren mit hohem Einheitswert zu steigern. Das Olivenöl beispielsweise war pro Liter fünfmal so viel wert wie Wein und ließ sich ohne Beeinträchtigung der Qualität besser transportieren. Dabei exportierten sie nicht nur ihr eigenes Öl, sondern förderten den Olivenanbau in ihren wichtigsten Handelskolonien, wie etwa auf den Balearen, Sardinien, an der nordafrikanischen Küste oder Andalusien, damals das Königreich Tartessos.

Das letztgenannte Gebiet wird sich in den ersten Jahrhunderten unserer Zeitrechnung zum wichtigsten Olivenöllieferanten des römischen Imperiums entwickeln – heute ist es der wichtigste der Welt. Auf den von den Phöniziern kolonisierten Mittelmeerinseln, wie zum Beispiel auf den Balearen, ist der Olivenbaum auch heute noch wesentlicher Bestandteil der wunderschönen Landschaft und ihrer Agrarwirtschaft. Und auch Tunesien – das antike Karthago – ist heute noch der viertgrößte Olivenölproduzent der Welt.

DIE PHÖNIZISCHEN FRACHTSCHIFFE

Wenn auch die Mesopotamier und Ägypter die Ersten waren, die Schiffe einsetzten, um über Flusswege Güter zu transportieren, gebührt den Phöniziern die Erfindung des Seehandels. Sie waren es, die, beeinflusst von den ägyptischen Booten, in der Lage waren, das *gaulus* zu erfinden, ein ovales bauchiges Schiff mit – für seine Epoche – erstaunlich großer Ladekapazität (bis zu 100 Tonnen). Es besaß einen zentralen Mast und ein Rahsegel, das durch ein kleineres Segel am Bugspriet zur besseren Manövrierfähigkeit ergänzt wurde. In seiner Zweckerfüllung damals unschlagbar, wurde das erfolgreiche Modell des phönizischen *gaulus* später von den Römern kopiert.

ISRAEL/PALÄSTINA

Die Juden besetzten das heutige Palästina im 10. vorchristlichen Jahrhundert. Ihre berühmtesten Herrscher – David und Salomo – gaben der Pflanzung von Olivenhainen höchste Priorität. Salomo befahl seinen königlichen Beamten sogar, diese Pflanzungen zu bewachen. König David bezahlte die Zimmerleute von Tyros, die am Bau des Tempels von

Jerusalem beteiligt waren, mit 440 000 Litern Olivenöl, was heute mehr als einer Million Euro entspricht.

In den Jahren 1981–1984 entdeckten israelische und amerikanische Archäologen unter Leitung von Trude Dothan und Seymour Gitin unweit von Tel Aviv einen riesigen Komplex mit annähernd hundert Ölmühlen und Maschinen, der um ca. 1000 v. Chr. von den Philistern, den Bewohnern des heutigen Gaza-Streifens, dem sie etwa 1200 v.Chr. den Namen Palästina gaben, errichtet wurde. Man könnte sagen, hier handelt es sich um den ersten wiederentdeckten Öl-Industrie-Komplex. Es war eine der größten Ölmühlen der Antike, deren geschätzte jährliche Ölproduktion zwischen 1000 und 2000 Tonnen lag. Ihr wichtigster Markt war zweifelsfrei das reiche Ägypten der Pharaonen.

MESOPOTAMIEN

Die gezielt bewässerten oder durch Hochwasser besonders fruchtbaren Täler mächtiger Flüsse wie die von Euphrat und Tigris in Mesopotamien oder des Nils in Ägypten begünstigten die ersten Siedlungen der bis dahin nomadisch lebenden Menschen der Frühsteinzeit. Es entstanden dort die ersten Städte der Menschheit; als Folge des andauernden menschlichen Kontakts, der neuen Bedürfnisse und der kulturellen Möglichkeiten bildeten sich daraufhin die ersten Hochkulturen.

Mesopotamien, im heutigen Irak gelegen, entwickelte sich zu einem idealen Markt für die von ihren Eliten so geschätzten Güter wie Wein und Olivenöl. Den ersten Nachweis für den Konsum von Wein in der Geschichte der Menschheit entdeckte man übrigens durch die molekulare Analyse von Rückständen[6] in Tonkrügen aus Godin Tepe im südlichen Teil des Zāgros-Gebirges. Heute werden diese Tonkrüge, deren Alter etwas 7000 Jahre betragen dürfte, im Archäologischen Museum von Pennsylvania (USA) aufbewahrt. Wein wurde damals auch an vielen anderen Orten im Nahen Osten hergestellt, wie im Kaukasus oder an den Hängen des Ararat – jenes Berges, auf dem Noah mit seiner Arche nach der Sintflut gestrandet sein soll.

Was das Olivenöl betrifft, so stammen die ersten, schriftlichen Zeug-

6 Diese Untersuchungen wurden von Patrick E. McGovern, einem Archäologen der Universität von Pennsylvania, durchgeführt, der diese bemerkenswerte Entdeckung in seinem Buch *Ancient Wine. The Search for the Origins of Viniculture* (Princeton, 2003) beschreibt.

nisse über Herstellung und Handel aus Ebla. Es ist allerdings nicht unwahrscheinlich, dass das Olivenöl in ähnlich ferne Zeiten wie der Wein zurückgeht.

Die beiden kostbaren Flüssigkeiten wurden auf Booten aus Tierhäuten in die ersten mesopotamischen Städte wie Susa und Uruk entlang des Euphrat und des Tigris transportiert. Der Handel mit Wein erlangte eine solche Bedeutung, dass er in der berühmten Rechtssammlung des damaligen Königs von Babylon, Sumer und Akkad (1792 bis 1750 v. Chr.), dem Codex Hammurabi, detailliert geregelt wurde. Neben anderen Grundnahrungsmitteln unterlagen auch Kauf und Verkauf von Olivenöl strengen Vorgaben: »Gesetzt, ein Kaufherr hat einem Gehilfen Getreide, Wolle, Öl oder irgendwelche bewegliche Habe zum Verkauf gegeben, so wird der Gehilfe das Geld buchen und dem Kaufherrn erstatten. Der Gehilfe wird eine Quittung über das Geld erhalten, das er dem Kaufherrn gibt.«[7]

Im selben Codex werden ungebildete Nomadenvölker außerhalb der etablierten Ordnung wie folgt beschrieben: »Menschen, die kein Metall, keine Edelsteine, keine Milch, kein Olivenöl [...] kennen. Sie bauen keine Häuser, ihre Herzen kennen kein Brot aus dem Ofen, ihr Magen kein Bier [...].« Es ist offensichtlich, dass die Verwendung von Olivenöl für die Babylonier ein wichtiges Kriterium war, kultivierte Menschen von Barbaren zu unterscheiden.

ÄGYPTEN

Die alten Ägypter importierten ihr Olivenöl aus Ebla oder Kreta und später aus Palästina – im Niltal besaß (und besitzt) der Olivenanbau praktisch keine Bedeutung. Zwischen dem 19. und 16. Jahrhundert v. Chr. vereinbarten die Pharaonen Amenemhet II. und III. der 12. Dynastie mit der Stadt Byblos die Errichtung eines Protektorats über die gesamte Region, das von den ägyptischen Emissären zum Erwerb phönizischer Güter und Schätze, darunter auch Olivenöl, durchstreift wurde.

Im Jahr 1500 v. Chr., zu Zeiten der schönen Königin Hatschepsut, fanden sich in Inventaren der Gärten in Theben bereits Olivenbäume. Kommerziell angebaut wurden die Ölbäume zu Zeiten der 17. Dynastie

7 Zitiert nach Gressmann H.: *Altorientalische Texte zum Alten Testament.* Berlin 1926.

im 14. vorchristlichen Jahrhundert. Das Öl dürfte von nicht allzu hoher Qualität gewesen sein, da es vor allem als Brennstoff für die Lampen in den Tempeln diente. Aus dieser Zeit stammt das wunderschöne Relief von Amarna, ausgestellt im Metropolitan Museum in New York. Es zeigt eine Hand, die einen Olivenzweig hält – ein Sujet, das in den Schmuck- und Goldschmiedearbeiten vieler Pharaonengräber zu finden ist.

Das berühmteste Beispiel dafür ist die aus Olivenblättern, blauen Seerosenblüten und Kornblumen gefertigte Kette, die sich im zweiten Sarkophag Tutanchamuns fand. Die auf einem Papyrusstreifen abwechselnd mit Ober- und Unterseite zum Betrachter hin angeordneten Olivenblätter erzielen eine besonders große ästhetische Wirkung.

Es fanden sich auch Reste von Olivensteinen und Olivenzweigen in den Gräbern des Neuen Reichs (1550–1070 v. Chr.). Die Zeichnung einer Olive wurde im Grab des Minnacht gefunden, dem ›Vorsteher beider Scheunen‹ von Ober- und Unterägypten in Theben. Im Jahr 1198 v. Chr. opfert der mächtige Pharao Ramses III. dem Sonnengott Re die Erzeugnisse der Olivenhaine von Heliopolis mit den Worten: »Ich gebe dir ein von diesen Bäumen gewonnenes, sehr reines Öl, das die Lichter in Deinem Heiligtum brennen lässt.«[8]

GRIECHENLAND

Die ersten Hochkulturen – Babylon, Ägypten, Phönizien und Kreta – beeindrucken uns durch ihre Architektur, ihre Juwelier- und Goldschmiede- oder Töpferkunst und ihren kultivierten Lebensstil. Der griechischen Kultur verdanken wir in großem Maße die geistige Grundlage, auf der unsere abendländische Kultur heute ruht. Zur griechischen Intelligentia zählten solche Koryphäen wie die Philosophen Plato und Aristoteles, Geschichtsschreiber wie Thukydides und Herodot, Schriftsteller und Dramatiker wie Homer, Aischylos, Sophokles oder Euripides, Mathematiker und Physiker wie Pythagoras oder Archimedes, Architekten und Bildhauer wie Phidias, Myron und Praxiteles. Fast drei Jahrtausende später ist die griechische Kultur immer noch wesentlicher Bestandteil unserer ästhetischen und intellektuellen Vorlieben, unseres Lebensstils und auch der Ursprung vieler Wörter, die in den meisten

8 Siehe *Papyrus Harris I.*

westlichen Sprachen die Konzepte und Schlüsselbegriffe unserer Zivilisation definieren.

Der Zweig des wilden Ölbaums wurde zum Zeichen höchster Ehre für jeden Hellenen von Anbeginn der olympischen Spiele im Jahr 776 v. Chr. Ein so schlichtes Symbol ohne offensichtlichen Wert wurde zur Goldmedaille der heutigen modernen Olympiade. Dies spiegelt den symbolischen Gehalt wider, den die Griechen, die aus den entferntesten Kolonien zur Olympiade kamen, dem Olivenbaum zumaßen. Diese uralte und schöne Tradition wurde während der olympischen Spiele von Athen im Jahr 2004 wiederbelebt.

Solon (640–561 v. Chr.), Lyriker, Gesetzgeber und Archon (eine Art Kanzler), wurde beauftragt, einen zweiten Olivenhain in der Akropolis zu pflanzen. In der Verfassung von 594 v. Chr. stellte er den Olivenanbau in ganz Attika unter den ausdrücklichen Schutz des obersten Gottes Zeus: Es war bei Strafe verboten, einen Olivenbaum zu fällen; dies war nur in extremen Ausnahmefällen, etwa für den Bau eines Tempels, erlaubt.

Unter dem besonderen Schutz der Göttin Athene – möglicherweise um dem gewaltigen Prestige der olympischen Spiele etwas entgegensetzen zu können – begann man ab 556 v. Chr. die kleinen (jährlich) und großen (alle vier Jahre) Panathenäen zu begehen. Der große Wohlstand der hellenischen Hauptstadt erlaubte es, die Sieger mit großen Geldgeschenken und Gold- und Silbermünzen zu belohnen – doch nicht nur das: Je nach errungenem Sieg gab es obendrein 1000 bis 2000 Liter geweihtes Öl aus den Hainen der Akropolis! Dieses erhielten die Athleten in wunderschönen Panathenäischen Preisamphoren[9], die zwischen 22 und 39 Liter des kostbaren Elixiers fassten.

Wir haben gesehen, wie die Völker, die nach und nach eine führende Rolle in der Olivenölproduktion einnahmen – Eblaiten, Kreter, Phönizier, Kanaaniter, Israeliten, Philister und Griechen – sich zu Wohlstandsgesellschaften und Hochkulturen entwickelten. Einige unter ihnen, die eine stärker entwickelte und potentere Volkswirtschaft aufwiesen, betrieben Seehandel, der dem Austausch von Gütern und Ideen mit den übrigen an den Küsten lebenden Völkern die Tür öffnete – dank dieses

9 Ohne Zweifel wären die traumhaft gearbeiteten Keramiken heute ein Vielhundertfaches ihres ursprünglichen Inhalts wert.

geographisch einzigartigen, an Möglichkeiten überreichen Gebildes, das wir als Mittelmeerraum kennen.

Griechenland, das auf den Erfahrungen der Kreter und Phönizier aufbaute und auf seine geographische Lage und die außergewöhnliche intellektuelle Vision seiner denkenden Elite vertrauen konnte, war besonders gut ausgestattet, um ein Handelsimperium zu errichten. Seine Seeleute und Händler nutzten die Gelegenheit und schufen zwischen dem 7. und 4. vorchristlichen Jahrhundert (als ihre Macht dem römischen Reich nicht mehr standhalten kann) ein Ensemble von Handelskolonien, die mit dem von den Phöniziern gegründeten Verbund nicht nur in Handelsdingen rivalisierten, sondern auch die bewaffnete Auseinandersetzung suchten.

Das Olivenöl, der Wein und die unschlagbare Qualität ihrer ästhetisch wertvollen Keramiken (zugleich Behälter und Geschirr) waren ihr wichtigstes, wenn auch nicht einziges Handelskapital.

Aus militärischer Sicht begann die heroischste Epoche Griechenlands, das ständig der Bedrohung durch das Persische Reich ausgesetzt war, mit dem Auftritt des brillanten und charismatischen Heerführers Alexanders des Großen (356–323 v. Chr.). Von seinem so riesigen wie, nach seinem Tod, vergänglichen Imperium blieb als ewiges Zeugnis nur die schöne Stadt am Nildelta, die seinen Namen trägt: Alexandria. Ihre berühmte, von Ptolemaios I. gegründete und von dem Architekten Deinokrates entworfene Bibliothek, beherbergte eine immense Fülle menschlichen Wissens. Umso tragischer war ihre Zerstörung durch einen verheerenden Brand (vermutlich erst im 3. Jahrhundert n. Chr.), die den Wissenstransfer von fast einer Million Schriftrollen und Papyri in unsere Zeit – einschließlich sicherlich faszinierender Zeugnisse zu Geschichte, Herstellung und Handel des Olivenöls – zunichtegemacht hat.

ROM – DAS MEDITERRANE IMPERIUM DES ÖLS UND WEINS

Rom verleibte sich im Zuge seiner unaufhaltsamen Entwicklung zum ersten hegemonialen Imperium nach und nach sämtliche vorher genannten Zivilisationen ein – Syrien, Kreta, Phönizien, Israel/Palästina, Griechenland, Ägypten, Babylonien – und damit deren Kolonien, Handelsnetzwerke, Gebräuche sowie kulturellen und technischen Errun-

genschaften. Darunter natürlich auch die über den ganzen Mittelmeerraum verbreiteten Herstellungsgebiete des Petroleums jener Epoche, des Olivenöls.

Zu keinem früheren oder späteren Zeitpunkt seiner aufregenden und konfliktgeladenen Geschichte erlangte der Mittelmeerraum eine derartige kulturelle und politische Einheit wie unter den Römern.

Was das Römische Reich von allen ihm vorangegangenen Zivilisationen unterschied, war seine außerordentliche Fähigkeit der Organisation: Die Legionen des Imperiums waren praktisch unbesiegbar, keine Armee der bekannten Welt konnte ihnen auf Dauer wirkungsvoll Widerstand leisten. Die Römer errichteten, sobald ein barbarisches Gebiet erobert worden war, dort in kurzer Zeit Städte und die dazugehörige Infrastruktur – Straßen, Brücken, Talsperren, Aquädukte, Amphitheater, Rennbahnen, Tempel, Thermen und Nekropolen. So sollte die neue Kolonie systematisch in die Struktur des Reichs eingebunden werden, und so erreichten die Besatzer sehr viel nachhaltiger eine Romanisierung, als sie es durch bloße militärische Präsenz geschafft hätten.

Die Römer orientierten sich darüber hinaus am Vermächtnis der Griechen, Kreter und Phönizier, um sich eben auch in ein wahres Produktions- und Handelsimperium von Oliven und Rebstöcken, Öl, Wein und Getreide zu verwandeln.

RÖMISCHE WERTSCHÄTZUNG

Der Olivenbaum wurde von Anbeginn römischer Zivilisation, wie schon im antiken Griechenland, mit der Fruchtbarkeit des Bodens identifiziert und als heilige Pflanze verehrt. Sein Öl blieb wesentlicher Bestandteil der Ernährung, der Gesundheit und der Kosmetik der Einwohner des Imperiums sowie Brennstoff, um ihre Städte, Paläste und Tempel zu beleuchten, wo ihr jahrhundertealtes Holz das geweihte Feuer nährte.

Plinius der Ältere versichert in seiner *Naturalis historia* um 77 n. Chr., dass die Olivenölproduktion der Apenninenhalbinsel die aller anderen Länder des Mittelmeerraums übertreffe, trotz der starken Expansion des von den Griechen und Phöniziern an ihren Nord-, Süd- und Ostküsten mit Nachdruck geförderten Anbaus. Der Fairness halber sollten wir daran erinnern, dass die wichtigsten Ölregionen Roms ehemalige griechische Kolonien waren wie Apulien und Sizilien (bis heute mengenmäßig die stärksten Anbaugebiete Italiens); und dass die Ewige Stadt später abhängig war von den Lieferungen einer ihrer fruchtbarsten westlichen Provinzen, der *Baetica* im Süden Spaniens (Andalusien und Teile der Extremadura).

Die sich mit der Landwirtschaft befassenden römischen Autoren wie Plinius d. Ä.[10] oder Columella hielten den Olivenanbau für außerordentlich wichtig. Sie empfehlen eine sehr sorgsame, stoß- und druckfreie Ernte der Oliven, um jeglichen Qualitätsverlust zu vermeiden, und beschreiben detailliert die Extraktion des Öls in den entsprechenden Müh-

10 Plinius der Ältere, 23–79 n.Chr., Autor der naturhistorischen Enzyklopädie *Naturalis Historiae* in 37 Bänden. Er starb während des Vulkanausbruchs auf dem Vesuv.

len. Zu Zeiten von Plinius d. Ä. verstrich bedauerlicherweise zwischen der Ernte – hierfür empfahl er transportable Leitern, die bis heute in der Toskana in Gebrauch sind – und der Pressung zu viel Zeit, was die Qualität des Öls durch Oxidation beeinträchtigte (was bis heute Gültigkeit hat!).

Einige archäologischen Funde an der nordafrikanischen Küste deuten auf eine Konservierung der Oliven direkt nach der Ernte in Lake hin, ein Verfahren, das nach heutigem Stand der Forschung bis zu einem gewissen Grad durchaus dafür geeignet ist, die Polyphenole der Olive zu erhalten.

Die Römer führten eine so einfache wie effektive Klassifizierung der Olivenölqualitäten ein, die bis zu sieben Kategorien unterschied. Wie sich erkennen lässt, blieben die extra nativen Öle höchster Qualität religiösen Zwecken vorbehalten, danach folgten die Öle für medizinische und andere körperliche Anwendungen (Kosmetik und Massage). Erst die Öle der dritten Kategorie, gepresst aus reifen Oliven, waren als Nahrungsmittel gedacht; noch mäßiger waren die Öle für die Zubereitungen in der Küche. Zu guter Letzt fand noch das Öl aus schadhaften Oliven als Lampenöl Verwendung.[11]

KATEGORIE ÖL	URSPRUNG	VERWENDUNG
Ex albis ulivis	Von grünen Oliven	Sehr hoher Preis Wird bei religiösen Zeremonien, zu medizinischen und kosmetischen Zwecken verwendet
Viride	Von Oliven, die gerade ihre Farbe von Grün zu Violett verändern	Hoher Preis Zu medizinischen Zwecken
Maturum	Wird aus reifen (schwarzen) Oliven gewonnen	Man unterschied zwischen erster und zweiter Pressung

11 Dies entspricht der heutigen Handelsbezeichnung ›Lampantöl‹ und bezeichnet so auch das Einsatzgebiet.

Olei Flos	»Blume des Öls« – die erste Pressung des *Maturum*	Lebensmittel von hoher Qualität und Massageöl
Sequens	Wird aus der zweiten Pressung des *Maturum* gewonnen	In der Küche und für Konserven bester Qualität
Caducum	Wird aus aufgrund von Reifestadium, Wind und Wetter schon heruntergefallenen Oliven gewonnen	Mittelmäßige Qualität Wird meist in Öllampen verwendet, da es verhältnismäßig wenig Rauch entwickelt
Cibarium	Stammt von Oliven, die von Parasiten befallen wurden	Niedrigste Qualität Dient nur zu Beleuchtungszwecken

Klassifizierung des Olivenöls im Römischen Reich

KARTHAGO, MAURETANIEN UND TRIPOLITANIEN

Die wachsende Nachfrage eines ständig expandierenden Imperiums erreichte im 1. und 2. vorchristlichen Jahrhundert ihren Höhepunkt. Um den großen Bedarf an Olivenöl decken zu können, erweiterten die Römer die früheren Plantagen der Phönizier in Karthago und den übrigen nordafrikanischen Regionen wie Tripolitanien (Libyen) und Mauretanien (Marokko). In letzterer fanden Archäologen römische Ölmühlen in der Umgebung von Städten, wo heute, zweitausend Jahre später, noch immer Olivenöl gewonnen wird. Dies gilt für Tingis (heute Tanger), Lixus (gegenüber der heutigen Stadt Larache) und vor allem für Volubilis (archäologische Stätte im Süden Marokkos, zwischen Fés und Rabat), wo annähernd 55 römische Ölmühlen gefunden wurden. Einige davon sind exzellent erhalten, vor allem das sogenannte ›Haus der zwei Ölpressen‹[12].

Nur ein Bruchteil der Produktion dieser Mühlen wurde nach Rom exportiert, da die nordafrikanischen Öle allem Anschein nach als eher

12 Lenoir M.: *L'oléiculture dans le Maroc antique.* In: Olivae. 1984, 3, S. 12–17.

minderwertig eingestuft wurden, wie sich aus den berühmten *Satiren* des Dichter Juvenal leicht herauslesen lässt[13]. Nach Professor José Remesal Rodríguez stammt ein kleiner, aber wichtiger Anteil der Amphoren des im Folgenden beschriebenen wichtigen Fundorts Monte Testaccio aus eben jener schlecht beleumundeten Gegend.

DER EINFLUSS DER GRIECHISCH-RÖMISCHEN KULTUR AUF UNSERE ARCHITEKTUR UND GASTRONOMIE

Die Einführung des griechisch-römischen Kulturmodells in sämtlichen Kolonien Roms hatte Folgen, die noch immer, zweitausend Jahre später, ein wesentlicher Bestandteil unseres kulturellen Erbes sind.

Ein gutes Beispiel ist die Architektur. Im 15. Jahrhundert, ein Jahrtausend nach dem Untergang des Römischen Reiches, ließ sich der berühmte venezianische Renaissance-Architekt Andrea Palladio aufs neue von der klassisch-antiken Architektur inspirieren und entwickelt daraus den später sogenannten palladianischen Stil, der sich über vier Jahrhunderte (16.–19. Jahrhundert) in Profanbauten auf der ganzen Welt wiederfand. Mit den beiden essenziellen Flüssigkeiten der griechisch-römischen Esskultur – Olivenöl und Wein – geschah Vergleichbares. Obwohl die Kultur der Völker rund um das Mittelmeer um neue Dinge – wie die islamische Kunst und Architektur – erweitert wurde, behielten sie den Konsum des Olivenöls bei, und, in überraschendem Ausmaß, dank der toleranten Haltung des Islams[14], den Weingenuss ebenso.

13 »Der Gastgeber mariniert seinen Fisch in Öl aus Venafrum (antike samnitische Stadt in Kampanien, berühmt für ihr hervorragendes Öl); der widerliche Salat, den er Dir armem Teufel vorsetzt, wird nach Ölfunzel riechen, denn das Zeug in Deiner Menage wurden von einem Kahn mit spitzem Bug aus Numidien den Tiber herauf gebracht – ein Zeug, das jedermann in Rom daran hindert, ein gemeinsames Bad mit Boccar (ein typischer numidischer Name) zu nehmen und das Dich sogar vor dem Biss der schwarzen Schlange schützt.« (Satire V, 86–91)

14 Beste Beispiele für die Toleranz des Islams in dieser Hinsicht finden sich in Persien und Spanien.

Man musste sich bis zum Ende des 20. Jahrhunderts – d. h. eineinhalb Jahrtausende nach Untergang des Römischen Imperiums – gedulden, bis der nordamerikanische Ernährungswissenschaftler Ancel Keys die Vorzüge der Mittelmeer-Diät wiederentdeckte, die ja unter anderem auf Olivenöl und Wein fußt. Erst dann wurde das Ernährungsmodell der Griechen und Römer auch in der Moderne als höchst gesundheitsfördernd anerkannt!

DAS PARADIES DER OLIVENBÄUME: SPANIEN

Die Küsten der iberischen Halbinsel wurden, wie wir gesehen haben, schon von den Phöniziern (Gadir und Cartagena) und den Griechen (Emporion, heute Ampurias und Rosas) kolonisiert. Es sind aber die Römer, die, nachdem sie die vollständige Herrschaft über die Halbinsel errungen hatten, den Oliven- und Weinanbau in großem Stil auch im Innern des Landes betrieben und dort die fruchtbaren, feuchtdurchlässigen Böden und das milde, strahlende, von leichten Niederschlägen in den kühleren Monaten gesegnete Klima ausnutzten.

Sie entdeckten bald, dass eine im Süden der Halbinsel gelegene Provinz, die sie *Baetica* (das heutige Andalusien) nannten, ein echtes Paradies für den Olivenanbau war. Es gibt mehrere Zeugnisse römischer Schriftsteller, die auf die betischen Olivenhaine verweisen. Pomponius Mela (im Jahr 44 n. Chr.) und später Plinius d. Ä. (ca. 23–79 n. Chr.) und sein Zeitgenosse aus Cádiz, Lucius Iunius Moderatus Columella (ca. 4–70 n. Chr.), der Autor der zwölf Bücher, die das Monumentalwerk *De re rustica* (*Über die Landwirtschaft*) ausmachen, erwähnen sie. Columella beschreibt am detailliertesten die Kultivierung der Olivenbäume und die Gewinnung des wertvollen Öls, über das er als bedeutender Großgrundbesitzer und Olivenzüchter genauestens Bescheid wusste.

Die Bedeutung des Oliven-Laubwerks vermittelt Caesars militärische Abhandlung *De bello hispanico* auf sehr anschauliche Weise: Das Traktat schildert, wie während der Kriege zwischen Julius Caesar und Pompeius Letzterer seine umfangreichen Feldlager in den üppigen Olivenhainen in der Nähe von Hispalis, dem heutigen Sevilla, versteckte.

Die römischen Provinzen *Baetica* und *Tarraconensis* (der Norden und

Osten Spaniens sowie Nordportugal bis zum Duero – fast zwei Drittel der iberischen Halbinsel), die sich durch fruchtbare Täler und hervorragende Schiffbarkeit dank der beiden Wasserstraßen Guadalquivir und Ebro auszeichneten, werden im 1. nachchristlichen Jahrhundert zu Roms wichtigsten Lieferanten von Olivenöl und Wein.

DER BERG DER AMPHOREN

Im Oktober 2008 besuchte ich gemeinsam mit meiner Frau Fátima dank der Vermittlung meines Freundes Gonzalo Anes y Álvarez de Castrillón, Direktor der Real Academia de Historia, die berühmten Ausgrabungen am Monte Testaccio, die, unter der Schirmherrschaft besagter Akademie, seit nunmehr zwei Jahrzehnten von José Remesal, Professor für Geschichte an der Universität von Barcelona, geleitet werden.

Dieser Berg, eher ein Hügel, in der Nähe des Tibers, auf dem die mit Öl geladenen Schiffe Roms ihr Ziel erreichten, ist in Wahrheit eine veritable Amphoren-Deponie. Diese Amphoren waren überwiegend (85–90 Prozent) mit Öl aus der römischen Provinz *Baetica* gefüllt. Der Rest kam aus den nordafrikanischen Provinzen (heute Tunesien und Libyen). Die kostenlose Verteilung von Öl und Weizen unter der Bevölkerung Roms begann auf Befehl Kaiser Augustus' (im Austausch für die vom Volk zugunsten des Kaisers aufgegebenen Rechte) und hielt bis 257 n. Chr. an. Die Amphoren des Monte Testaccio sind ein unschätzbar wertvolles Archiv, das über zweieinhalb Jahrhunderte zurückreicht. Detailliert verraten sie uns die Handelsgeschichte des Imperiums. Die Amphoren tragen ein Siegel, das quasi der Marke entsprach, dazu ein gemaltes Etikett sowie in einigen Fällen den Namen des Händlers und des Finanzbeamten, der die ordnungsgemäße steuerliche Abgabe in Sevilla, Córdoba oder Écija beurkundete; manchmal ist auch das Erntejahr angegeben.

Die vollen Amphoren erreichten ein Gewicht von etwa 100 Kilogramm, von denen 70 auf das Öl entfielen und die restlichen 30 auf den Behälter. Sie wurden von betischen Töpfern hergestellt, von denen fast einhundert verschiedene identifiziert werden konnten. Der bedeutendste Betrieb besaß Werkstätten in Lora del Rio, wo er sich auf 200 000 Quadratmeter Land erstreckte.

Die Amphoren wurden an den Docks am Tiberufer entladen und, einmal entleert, auf der Halde, die heute den Monte Testaccio bildet, deponiert.

Professor Remesal forscht, unterstützt von einem Team aus 17 Archäologen und Mitarbeitern an zwei Wochen im Jahr (normalerweise im Oktober) direkt vor Ort. Allein bei den Untersuchungen im Jahr 2008 gelang es ihm, 15 Kubikmeter Schutt zu klassifizieren, was sich wiederum in 1500 wissenschaftlichen Dokumenten niederschlug.

Mit dem Untergang des (Westlichen) Römischen Reichs im 5. Jahrhundert n. Chr. erleidet die griechisch-römische Kultur und mit ihr der Handel von Wein und Öl einen empfindlichen Rückgang, der in weiten Teilen Europas bis ins 13. Jahrhundert und, in einigen Fällen, bis in heutige Tage andauert.

Allerdings profitierten die iberischen Olivenhaine von der Eroberung der nahezu gesamten Halbinsel durch arabische Truppen, die die Straße von Gibraltar unter der Führung des Generals Tariq ibn Ziyad im Jahr 711 überquerten. Bis dahin hatten die muslimischen Armeen praktisch die komplette nordafrikanische Küste und einen Großteil des Nahen Ostens erobert. So erfuhren die Gebiete im Süden und im Osten Spaniens entscheidende Impulse, ausgehend vom Kalifat der aufgeklärten Umayyaden, die von dem fundamentalistischen Regime der Abbasiden gestürzt wurden. Die Umayyaden stammten ursprünglich aus der syrischen Hauptstadt Damaskus – der Wiege des Olivenanbaus und des Olivenöls. Unter der Herrschaft der Umayyaden begann für beide eine erneute Phase intensiver Entwicklung und Verbreitung in Al-Andalus.

Viele der großen arabischen Schriftsteller, Ärzte und Dichter weisen auf die Vorzüge des Olivenöls und – erstaunlicherweise – des Weins hin, ein augenfälliges Zeichen der Toleranz, das sich auch in Persien, in der Dichtung von Omar Khayyām manifestiert und das sich überdeutlich von den intoleranten Positionen fundamentalistischer Strömungen, und zwar damals wie heute, abhebt.

Der andalusische Geograph Ahmad Ibn 'Umar al-'Udrī (1003–1085), beeindruckt vom Reichtum der andalusischen Olivenhaine und der Qualität ihrer Olivenöle, beschreibt das Königreich Sevilla folgendermaßen: »Dies sind die ausgezeichnetsten Böden und die beste Region für den Olivenanbau, die existieren. Die Qualität des Safts der Oliven, die man dort erntet, wird von der ganzen Welt hochgeschätzt.«

El Aljarafe, ein Gebiet voller Olivenhaine in der Nähe von Sevilla in Richtung Huelva, war schon zu Zeiten der Römer berühmt und erlangte noch größere Popularität während der arabischen Herrschaft. Im Königreich von Granada führte der in Guadix geborene Philosoph und Mathematiker Abu Bakr Ibn Tufail (ca. 1110–1185) nicht nur neue Verfahren im Olivenanbau ein, sondern entwarf *almazaras* – die arabische Bezeichnung für Ölmühlen, die in die spanische Sprache[15] eingehen wird – von so fortschrittlicher Technologie, dass man sie noch ein halbes Jahrtausend später benutzen wird.

Der arabische Dichter Abu Walid al-Himiary schreibt im 14. Jahrhundert, dass das Olivenöl die von den Genueser Kaufleuten am meisten geschätzte Handelsware aus Sevilla sei. Drei Jahrhunderte später wetteiferten diese mit englischen, französischen und holländischen Händlern: Der internationale Handel mit Olivenöl erstrahlte im 17. Jahrhundert mehr und mehr im Glanz antiker Zeiten.

Ein berühmter arabischer Forschungsreisender und Zeitgenosse von al-Himiary, Ibn Battuta (1304–1377), geriet über die Olivenhaine des Nasriden-Emirats von Granada[16] in Ekstase. Nach einem Besuch in Málaga schreibt er: »[…] das dortige Öl hat auf der ganzen Welt nicht seinesgleichen.«

Der Reichtum an Olivenbäumen und -öl führte dazu, dass sich in *al-Andalus* – der arabische Name für die alte römische Provinz *Baetica*, der heute noch in der spanischen Bezeichnung *Andalucía* fortlebt – eine der blühendsten Kulturen des Mittelalters entwickelte. Córdoba, das sich etymologisch möglicherweise auf *qorteba* (Ölmühle) zurückbeziehen lässt, war seine aufgeklärte Hauptstadt, in der die schönste

15 Im Katalanischen behält man die lateinische Wurzel des Worts bei und bezeichnet die Ölmühle als *moli*, während man auf den Balearen von *tafona* spricht.

16 Die letzte arabische Bastion in Spanien bis zu ihrer Rückeroberung im Jahr 1492 durch die Katholischen Könige; wesentlich involviert war dabei mein Vorfahr Gonzalo Fernández de Córdoba y Aguilar, bekannt als *Gran Capitán*.

Moschee in ihrer Herrlichkeit im Sonnenlicht gleißt. Die übrigen maurischen Hauptstädte erstrahlten ebenfalls in dieser kulturellen und architektonischen Pracht, die man auch heute noch am Alcázar von Sevilla oder des berühmten Nasriden-Palasts, der Alhambra in Granada, bewundern kann.

Olivenhaine bedecken großflächig die Kalksteinhügel in Jaén, Andalusien

Zwei berühmte Monumente des maurischen Erbes in Sevilla: die Palastanlage Alcázar und der Turm der Giralda

Die beeindruckende Moschee von Córdoba ›La Mezquita‹ und der wunderschöne Patio de los Arrayanes (Hof der Myrten) in der Alhambra

Im Laufe der allmählichen Rückeroberung des arabischen Territoriums – die sich auf fast acht Jahrhunderte erstreckt – schonten die Christen nicht nur die arabischen Olivenhaine, sondern erweiterten diese gen Norden und machten dabei Jaén (heute weltweit führend in der Olivenölproduktion) und die Nachbarstadt Córdoba zu den ertragreichsten olivenölproduzierenden Landstrichen der Erde.

Das Ergebnis ist, dass dieses privilegierte, im Lauf der Zeit als *Baetica*, *al-Andalus* oder *Andalucía* bekannte Gebiet, 3000 Jahre nach Ankunft der Phönizier weiterhin als Paradies der Olivenbäume gilt. Heute übertrifft seine Produktion die Italiens, Griechenlands, Tunesiens und aller anderen olivenanbauenden Länder.

Weiter im Norden liegt Toledo, die kaiserliche Stadt – nach dem Untergang Roms hatten die westgotischen Könige sie im 6. und 7. Jahrhundert zur Hauptstadt Spaniens erkoren. Heute ist Toledo die Hauptstadt von Kastilien-La Mancha und blickt auf 300 000 Hektar Olivenhaine – ein Erbe der Plantagen der Römer, Araber und Juden.

Andere Regionen der Iberischen Halbinsel haben auch an diesem uralten Vermächtnis teil, wie über tausendjährige Olivenbäume ein ums andere Mal bestätigen. Dazu zählen die portugiesische Algarve, Galicien (die von den Römern gegründete Stadt Vigo, die ihren Namen der Gründungsnomenklatur – vicus – als ölproduzierende Siedlung verdankt), die Provinz Teruel in Aragón und selbstverständlich die mittelmeerische Region: Gerona, Lérida, Tarragona, Valencia, Murcia und die Balearen, die schon von den Phöniziern und Griechen besiedelt wurden.

TOSKANA: DIE LEIDENSCHAFT FÜR DIE VORTREFFLICHKEIT

Wenn sich die andalusischen Olivenhaine über Jahrtausende unter idealen topographischen und klimatischen Bedingungen entwickelt haben, so sind jene Haine, die heute die toskanischen Hügel schmücken, ein Zeugnis menschlichen Fleißes gegen alle Widrigkeiten der Natur.

Der heutige toskanische Olivenhain ist das Ergebnis außerordentlich langanhaltender Bemühungen und Kämpfe gegen extrem ungünstige Witterungsbedingungen, da sich die Toskana im nördlichen Randgebiet des möglichen Olivenanbaus befindet. Die starken Fröste dieser Region gefährden die Olivenbäume, die bei immer wiederkehrenden Temperaturen jenseits der –15 Grad Celsius erfrieren. Schon ein (nicht seltener)

Temperaturabfall zur Erntezeit (November/Dezember) auf –2 °C kann negative Auswirkungen auf die Qualität des Öls haben.

Die toskanischen Olivenbauern pflanzen ihre Bäume an steilen Hängen, die nicht selten schwierig zu erreichen und zu bearbeiten sind, um der kalten Luft zu entgehen, die aufgrund ihrer hohen Dichte an den Hängen hinabsinkt und sich am Talboden sammelt.

Das Anwesen Torre Bianca, wo Marco und Matteo Mugelli die antioxitative »Revolution« starteten.

Wie ich am Anfang erwähnte, als ich von meiner Begegnung mit Marco Mugelli, einem der profundesten Kenner des Olivenöls auf der Welt, erzählte, wurden die toskanischen Ölbauern durch das Klima und die widrigen Wetterbedingungen quasi zur Ölqualität gezwungen. Anders als in Griechenland oder Tunesien mussten die Bauern sich mit der Ernte beeilen, um dem Frost zu entgehen. Bis heute sind frühe Erntephasen von Anfang bis Mitte Oktober in der Toskana üblich. Dies hat ein Öl aus halbreifen Oliven zur Folge, das viel mehr Polyphenole enthält als etwa ein Öl aus Nordafrika, welches aus reifen Früchten gepresst ist. Die Aromen solch eines Öls sind erheblich intensiver als das Öl aus reifen Früchten: Es duftet nach frisch geschnittenem Gras, Kräutern, und schmeckt fruchtig und würzig mit bitteren und scharfen Geschmacksnuancen, die immer ein positives Zeichen für Qualität sind. Die Toskaner zählen zu den Pionieren der extra nativen Qualität – vielleicht zunächst ohne es zu wollen, aber dann als vehemente Verfechter von hohen Qualitäten (und ebensolchen Preisen).

Zum Ende des Römischen Reichs befanden sich auch die italienischen Olivenhaine, anders als die auf der iberischen Halbinsel, die von der arabischen Invasion profitierten, in einem allmählichen Niedergang, der sich bis ins Mittelalter hinzog. Erst zu Dantes Zeiten (Anfang des 14. Jahrhunderts), als mit der Renaissance der wirtschaftliche Aufstieg Florenz' und der übrigen oberitalienischen Stadtstaaten begann, bildeten die florentinischen Olivenhaine sozusagen schüchtern erste Triebe aus.

Das grüne und fruchtige *olio* aus Florenz wurde zunehmend von den aufstrebenden und anspruchsvollen Schichten in den Renaissancestädten geschätzt, deren Kulminationspunkt ein Jahrhundert später die

Führung durch die Bankiersdynastie der Medici sein wird. Es handelte sich hierbei um eine Produktion kleinen Zuschnitts: In den Akten aus damaliger Zeit, die Landkäufe und -verkäufe dokumentieren, sind nur kärgliche Mengen von Olivenbäumen verzeichnet, häufig werden sie noch nicht einmal eigens erwähnt, sondern unter dem Rubrum »landwirtschaftliche Nutzpflanzen« geführt. Eine ganz andere Welt also als die der endlosen, sich im Horizont verlierenden Reihen der andalusischen Olivenhaine schon zu Columellas Zeiten.

Drei Jahrhunderte später, als die Nachfrage nach toskanischem Öl außerhalb der Region seiner Erzeugung tatsächlich stieg, führte dies zu einer erheblichen Ausweitung der Olivenhaine, die sich bald über ein Areal erstreckten, das um ein Vielfaches größer war als das heutige. Die Ursache dafür lag in den vergleichsweise niedrigen Erträgen pro Baum bzw. pro Hektar, vergegenwärtigt man sich die Zahlen in den anderen Mittelmeerregionen mit deutlich günstigerem Klima: Ein Olivenhain im Chianti Classico produziert heute etwas mehr als eine Tonne Oliven mit einer durchschnittlichen Ölausbeute von etwa 15 Prozent, was höchstens 200 Kilogramm Öl pro Hektar bedeutet. Das gegensätzliche Extrem wäre ein andalusischer Olivenhain mit intensiver Bewässerung, der mehr als den zehnfachen Ertrag erreichen kann! Dessen Stückkosten sind darüber hinaus wesentlich geringer, da dort eine umfassende Mechanisierung sämtlicher landwirtschaftlicher Prozesse möglich ist, was sich in den toskanischen *oliveti* aufgrund der steilen Hänge und Terrassierungen ohnehin von selbst verbietet.

LÖHNE IN FLÜSSIGEM GOLD

Es genügt, einen Olivenhain im Chianti Classico – die für ihre Weine und Olivenöle berühmte Region südlich von Florenz – während der Olivenernte zu betreten, um sich ein Bild von dem beschwerlichen Streben nach Vortrefflichkeit zu machen: Die Arbeiter, bewaffnet mit kleinen Leitern, Tüten oder Eimern pflücken die Früchte tatsächlich von Hand von den Zweigen des Olivenbaums, oft freilich mit Hilfe spezieller Kämme.

Die grünen, leicht violetten oder schwarzen Oliven, viele im Stadium der *véraison*, also des Farbwechsels von Grün zu Schwarz, werden in Kisten gegeben, die ein kleiner Traktor mit Anhänger abholt.

Die Kombination von Architektur, Kunst, Olivenbäumen und Wäldern, die die Toskana ihren zahlreichen Besuchern aus aller Welt bietet, ist für mich einzigartig, und die teils von Menschen geschaffenen charakteristischen Landschaften werden von kaum einer anderen auf der Welt übertroffen.

Die Olivenernte in dieser magischen Umgebung verdient eine genauere Betrachtung: Die kürzlich geernteten Weinberge bieten mit ihrem roten und braunen Laub ein außerordentlich üppiges Farbenspiel, das das leuchtende Grün der Olivenbäume lebhaft kontrastiert. Die Szenerie wird von hoch auf den Hügeln thronenden *castelli* beherrscht, die von bezaubernden mittelalterlichen Weilern umgeben sind und deren Zufahrtswege von jahrhundertealten Zypressen gesäumt werden.

Dass die toskanischen Arbeiter ihr Olivenöl ganz besonders wertschätzen, lässt sich ganz einfach beweisen: Unter keinen Umständen akzeptieren sie für ihre Arbeit eine Entlohnung in bar. Das Einzige, wozu sie sich hinreißen lassen, ist eine Bezahlung in »flüssigem Gold« – dem *olio extra vergine*, das aus derselben Ernte gewonnen wird.

Die Ölmühle, die oft im Inneren eines *castello* oder alten Herrenhauses liegt, entspricht handwerklichen Dimensionen. Die Mahlwerke, Mischer und Trenngefäße sind von geringerer Größe; einem Ölproduzenten industriellen Formats erschienen sie zweifellos eher wie Spielzeuge denn als Apparaturen zur Gewinnung von Olivenöl.

Auch werden in der Toskana in der Regel verschiedene Olivensorten in einem Hain angebaut – zum Beispiel *Frantoio* (deren Name auch für die italienische Bezeichnung einer Ölmühle Pate stand), *Corregiolo*, *Moraiolo*, *Leccino*, *Pendolino* und kleine Mengen autochthoner[17] Varianten – was deren Ernte zum jeweils idealen Reifezeitpunkt ermöglicht (kaum

17 Nur in der Region heimisch, gilt auch für Rebsorten beim Wein.

mehr als eine Woche Unterschied). Jede Sorte gelangt so in perfekter physischer Verfassung und Reife in die Mühle und weist die unterschiedlichen Farbschattierungen (und damit die Reife) auf, von intensivem Grün über violette Töne bis hin zu Schwarz.

Der schmale, fast zögerliche Strahl, der sich am Ende der Pressung ergießt, ist wahres flüssiges Gold: Die Toskaner produzieren nur *olio extra vergine*, oder in winzigen, immer unerwünschten Mengen bloßes *vergine*. Der Leiter der *frantoio* prüft kontinuierlich die Farbe des Öls – bei dem die Grüntöne dominieren – und verkostet natürlich permanent das frisch gepresste extra native Öl, um die Intensität, Finesse und Balance des Öls zu beurteilen.

KALIFORNIEN

Der Bundesstaat Kalifornien im äußersten Westen der Vereinigten Staaten direkt am Pazifik verfügt in großen Teilen seines Staatsgebiets über ein typisch mediterranes Klima. Kalifornien war in der Lage, zu einer der leistungsfähigsten und modernsten Volkswirtschaften der Welt zu werden – das Beispiel Silicon Valley ist allgemein bekannt. Auch verfügt der Bundesstaat über eine hochtechnisierte Bewässerungslandwirtschaft und Lebensmittelindustrie. Ein gutes Beispiel für Letztere dürfte der äußerst profitable, anspruchsvolle und international erfolgreiche Weinsektor sein.

Paradoxerweise hat sich die Olivenölproduktion, die ihre ersten Gehversuche etwa zur gleichen Zeit wie der Weinbau unternahm (ab etwa 1750 in den Missionen an der Küste), so gut wie gar nicht entwickelt. Die von den Mönchen gepflanzte Sorte *Mission*, die mit demselben Namen wie die vom mallorquinischen Missionar und Mönch Fray Junípero eingeführten Reben bezeichnet wurde, stammte vermutlich von Olivensamen aus Spanien, die schon in Peru gepflanzt wurden.

Die ersten kommerziellen Olivenöle kamen erst ein Jahrhundert später auf den Markt: in Ventura County. Dort war die Ölmühle des Rancho Camulos (1871), die die Ernte verschiedener Haine nahe der Pazifikküste verarbeitete. Bis 1885 blieb die Gesamtfläche kalifornischer Olivenplantagen unter 800 Hektar. Von 1900 bis 1990 wuchs die Fläche auf über 14000 Hektar an, praktisch ausschließlich für Tafeloliven genutzt und hauptsächlich im Süden des fruchtbaren San Joaquin Valley liegend. Für die geringe Olivenölproduktion wurden bis dahin nur minderwertige Oliven, die nicht die erwünschte Minimalgröße zur Vermarktung als Tafeloliven aufbrachten, verarbeitet.

Die Pionierin Lila Jaeger war die Erste, die auf ihrer Ranch in Rutherford, im für seine Weine berühmten Napa Valley, aus alten Olivenbäumen der Sorte *Farga* im Jahr 1991 das erste extra native Olivenöl produzierte.

Lila Jaeger gründete auch die Institution, die heute als California Olive Oil Council bekannt ist, und war dessen erste Präsidentin. Andere Vorreiter des qualitätsbewussten Olivenanbaus waren Ridgley Evans aus Healdsburg und Van McEvoy in Petaluma, der begann, europäische Olivenbäume zu importieren. Sein Ziel war klar: erstklassige Olivenöle zu pressen, die dem Vorbild der toskanischen Öle folgen.

Die steigende Nachfrage nach Olivenöl von hoher Qualität von Seiten nordamerikanischer Delikatessengeschäfte begünstigte neue Projekte, die sich auf kleine Haine im Cru-Stil konzentrierten, die wiederum in den qualitativ hervorragenden Weinbaugebieten an der Nordküste lagen, mit kleinen Ölmühlen nach dem Vorbild toskanischer *fattorie* ausgestattet. Einige, wie etwa Greg Reisinger von Glen Ellen's BR Cohn Olive Oil Company, konnten alte verlassene Olivenhaine mit europäischen und zum Teil unbekannten Sorten reaktivieren.

Aber es gibt im San Joaquin Valley auch schon fast hundertjährige Unternehmen, wie etwa das der Sciabicas, eine Familie italienischen Ursprungs, das seit 1935 Olivenöl herstellt. Die Sciabicas bauten viele verschiedene Olivensorten an, neben der *Mission* auch *Manzanilla* und *Sevillana* aus Spanien und *Ascolana* aus Italien; ihre Oliven verkaufen sie auch an andere Unternehmen des Landes wie Graber, Carter und Musco.

Eine spanische Investorengruppe bahnte im Jahr 1999 einer technologischen Revolution den Weg, als sie Olivenhaine von hoher Dichte (1700 Bäume pro Quadratmeter), hauptsächlich der Sorte *Arbequina*, anlegte. Die Olivensorten *Arbosana* und *Koroneiki* ergänzten die Anpflanzungen. Die hochintensive Bewirtschaftung kann nur in flachen Olivenhainen in der Ebene durchgeführt werden, in den Terrassenlandschaften der Toskana wäre sie unmöglich. Die Olivenbäume sind bei dieser Form des Anbaus in parallelen Reihen mit exaktem Abstand gepflanzt; die Bäume dürfen eine gewisse Höhe nicht überschreiten. Bei sehr ausgedehnten, eng gepflanzten Hainen (neben Kalifornien etwa in Australien, Chile, aber auch in manchen Landschaften Spaniens) soll eine fahrbare Erntemaschine die Erntekosten von Pflückern sparen, auch vergeht zwischen Ernte und Pressung sehr wenig Zeit, wenige Stunden. Die Erntemaschine fährt über die Olivenbäume; rotierende Stäbe schütteln die Zweige durch, und die Oliven fallen automatisch in hohem Tempo in dafür eingebaute Rinnen. Diese äußerst schnelle Erntemethode ist umstritten: Sie scheint für die Bäume erheblichen Stress zu verursachen, außerdem müssen die Ölbäume stets niedrig gehalten und beschnitten werden. In Spanien hat unter anderen die Firma Dauro (Schwesterunternehmen der Weinproduzenten Roda) dieses Verfahren in Katalonien mit Erfolg probiert.

CHILE[18]

Chile begann mit seiner Olivenölproduktion Mitte des 20. Jahrhunderts, als der italienische Einwanderer und Pionier José Canepa 86 Hektar Olivenhaine in Maule pflanzte. Im Jahr 1953 gelang es ihm, sein spektakuläres Produkt auf den Markt zu bringen: das erste extra native Olivenöl Chiles!

Dessen ungeachtet hat sich die Herstellung von extra nativen Olivenölen im großen Stil erst in den letzten fünfzehn Jahren entwickelt. Zur Ernte 2011 bedeckten die Olivenhaine eine Fläche von 24 000 Hektar und produzierten 21 000 Tonnen, was einem Anstieg von 75 Prozent gegenüber dem Vorjahr entspricht. Der chilenische Olivenölsektor ist sehr dynamisch und arbeitet mit moderner Technologie.

Die wichtigsten produzierenden Regionen befinden sich im Norden und im Herzen eines Landes, dessen Küstenlinie über 4000 Kilometer lang ist.

Einige Produzenten haben ein extra natives Öl von hoher Qualität erreicht, wie zum Beispiel die Nachfahren von José Canepa – Antonieta, Eda und Hilda, deren extra natives *Terramater Petralia* aus der Sorte *Racimo* in Öl-Guides wie *Flos Olei* oder dem des *Feinschmecker* hoch bewertet wird.

Zu den anderen bedeutenden chilenischen Ölerzeugern zählen die Agrícola Valle Grande in der Metropolregion Santiago, deren *Olave 2012*

18 Diese kurze Zusammenfassung der chilenischen Olivenölproduktion wurde mit Unterstützung des Agraringenieurs Mario Beltrami, in der Vergangenheit Mitarbeiter unseres Olivenölprojekts und jetzt Berater verschiedener chilenischer Ölmühlen erster Kategorie, verfasst.

Paul Vossen, Experte für Olivenanbau der Universität von Kalifornien in Davis, auf dessen Darstellung sich meine kurze Zusammenfassung der kalifornischen Olivenöl-Geschichte stützt

(ebenfalls erfolgreich im *Flos Olei* 2012) hauptsächlich aus den Sorten *Frantoio* und *Arbequina* gepresst wird, beigemischt sind auch Anteile von *Coratina* und *Leccino*. Dazu Augusto Giangrandis auf der Hacienda Valle Quilimarí in Coquimbo: Er produziert ein reinsortiges Bio-Öl *Arbequina* (top bewertet in *Flos Olei* 2012). Auch nennen möchte ich das Öl *Santiago Edición Limitada*, das von Olisur, einer der größten Besitzungen in Chile mit 1250 Hektar Olivenhainen, hergestellt wird.

ARGENTINIEN

Argentinien besitzt heute mit seinen fast 100000 Hektar Olivenbäumen die zweifellos ausgedehntesten Olivenhaine des amerikanischen Kontinents. Allerdings sind deren Erträge deutlich geringer als die Chiles – die Produktion der Ernte 2011 fiel mit 17500 Tonnen 15 Prozent niedriger aus als die des chilenischen Nachbarn.

Die Wurzeln der amerikanischen Olivenpflanzungen liegen tatsächlich in Argentinien: Hier hat Francisco de Aguirre seine erste Plantage im Jahr 1562 angelegt. Verschiedene religiöse Orden folgten seinem Beispiel und legten Olivenpflanzungen an. Gleichwohl verhängte die Kolonialmacht Spanien im 17. Jahrhundert ein ungerechtes Produktionsverbot über die argentinischen Olivenhaine, um den Export des Mutterlandes anzukurbeln. Hiervon erholte sich Argentinien erst mit seiner Unabhängigkeit im Jahr 1816.

Während der letzten beiden Jahrzehnte haben die argentinischen Ölproduzenten ihre Anbaugebiete beträchtlich erweitert – ursprünglich gediehen Olivenbäume nur in den Provinzen Mendoza und Córdoba. Jetzt werden Olivenhaine auch in anderen Provinzen bewirtschaftet, unter ihnen Catamarca, La Rioja, San Juan, Buenos Aires und Río Negro. Die neben der autochthonen *Arauco* angebauten Sorten sind – aus Spanien – *Arbequina, Manzanilla, Picual, Empeltre, Changlot Real* oder *Farga* und die italienischen Sorten *Frantoio* oder *Coratina.*

Hervorgehoben sei das von Mario Gener auf der Hacienda Villa de las Rosas (Córdoba) hauptsächlich aus Arbequina gewonnene extra native Öl mit dem Namen *Olium.*

AUSTRALIEN

Obwohl in Australien Olivenbäume mit der Ankunft der ersten Einwanderer Mitte des 19. Jahrhunderts[19] gepflanzt wurden, beginnt die bedeutende Ausweitung der Anbaufläche erst im letzten Jahrzehnt des vergangenen Jahrhunderts und erstreckt sich heute über 30000 Hektar mit einer über die letzten beiden Ernten stabilen Produktion von 18000 Tonnen.

Die australischen Olivenhaine finden sich vor allem in Regionen mit

19 Einige davon überleben verwildert und finden sich entlang einiger australischer Straßen.

mediterranem Klima, so etwa nahe der Küsten im Südwesten, Süden, Südosten und Osten des Landes, rings um die Städte Perth, Fremantle, Adelaide, Melbourne, Canberra, Sydney und Brisbane. Es gibt mittlerweile auch neu angepflanzte Olivenhaine auf der Insel Tasmanien in der Region um Devonport an der Nordküste.

Der Staat mit der größten Produktion ist Victoria im äußersten Südosten des Landes. Andere bedeutende Regionen fallen mit berühmten Weinbaugebieten zusammen, wie etwa Margaret River oder Hunter Valley.[20]

Zu den angebauten Sorten gehören spanische – *Arbequina, Hojiblanca, Manzanilla, Nevadillo blanco, Picual* –, italienische – vor allem *Frantoio*, die in Australien meistangebaute Sorte, sowie *Barnea, Coratina, Corregiolo, Leccino, Pendolino* – und die griechischen *Kalamata* und *Koroneiki*.

Die alten Plantagen sind eher klein, meist unter 5 Hektar. Allerdings wurden in den letzten Jahren verschiedene hochintensive Anbauprojekte ins Leben gerufen, die Tausende von Hektar Land umfassen und mit riesigen Ölmühlen arbeiten. Die australische Olivenölindustrie hat die Unterstützung hervorragender Forschungszentren an den besten Universitäten des Landes.

JAPAN
SHŌDOSHIMA – DIE ANDERE INSEL DER OLIVENBÄUME

Vor etwas mehr als einem Jahrhundert, im Jahr 1908, beschloss das japanische Ministerium für Landwirtschaft und Handel, ein neues Projekt ins Leben zu rufen, das gänzlich neue Erfahrung einbringen sollte: die Insel Shōdoshima im Seto-Binnenmeer sollte die Produktionsstätte der ersten japanischen Olivenöle werden.

Zu diesem Zweck importierte die japanische Regierung Hunderte von Olivenbäumen aus Griechenland, die sie dann in drei verschiedenen Provinzen oder Präfekturen des Landes pflanzen ließ. Ein paar Jahre später hatten nur die Bäume auf Shōdoshima überlebt und sich der neuen Umgebung angepasst.

20 Dies ist auch in Südafrika der Fall, wo zum Beispiel in Stellenbosch die Firma Morgenster erfolgreich extra natives Öl produziert.

Olivenbäume in Shōdoshima

Im Jahr 1955, fast ein halbes Jahrhundert nach ihrer Pflanzung, hatten die Bewohner der Insel den Olivenbaum derart in ihre Kultur integriert, dass sie seine Blüte als Symbol für die Präfektur Kagawa auswählten, zu der die Insel gehört. 1966 erklärten sie den Olivenbaum zum Symbol der Insel, auf der es heute viele Ortsbezeichnungen wie »Olivenstrand« oder »Park der Olivenbäume« gibt und wo Exemplare des Baums der Athene mit Zeugnissen hellenischer Baukunst nebeneinander zu finden sind.

Lokale Händler bieten den Touristen ein wahres Füllhorn kosmetischer Produkte und anderer mit der Olive in Bezug stehende Lebensmittel an.

Im Jahr 2008 begingen die Bewohner dieser südostasiatischen Kopie der Mittelmeerinsel Kreta eine Hundertjahrfeier zu Ehren der ersten Olivenbäume. Im Mittelpunkt standen verschiedene Spiel- und Freizeitaktivitäten, symbolisiert von einem liebenswerten Maskottchen in Form einer Olive.

DAS ÖL JAHWES

»[...] das Salböl und das duftende Räucherwerk für das Heiligtum. Sie sollen alles so ausführen, wie ich es dir befohlen habe.«
Exodus, 31,11

Die modernen Mediziner und Ernährungswissenschaftler haben den engen Zusammenhang von Ernährung und Gesundheit nachgewiesen. Mit dem großen zeitlichen Abstand können wir heute verstehen, wie die beiden wichtigsten Säulen der mediterranen Ernährung – Öl und Wein – in der Steinzeit zur Lebensqualität und -erwartung der Völker beitrugen. Erst heute wissen wir, dass sowohl das Olivenöl als auch der Wein äußerst wirkungsvolle Antioxidantien enthalten, die unseren Körper vor gefährlichen Alterungsprozessen (wie der Arteriosklerose) und wohl auch vor Krebs schützen können. Das Olivenöl versorgt uns unter anderem mit gesunden Fetten, die ein wichtiger Bestandteil unserer Ernährung sind.

Das Olivenöl leistete in alter Zeit noch einen anderen wichtigen Beitrag zum menschlichen Wohlergehen: Es wandelte die nächtlichen, lichtlosen Stunden zu produktiv nutzbaren Zeitabschnitten, gleichzeitig wurden Städte, Dörfer und Ansiedlungen wohnlicher: Die Öllampen machten das Leben der ersten Städter fröhlicher und geselliger.

Und auch zur Schönheit trug das Olivenöl seinen Teil bei: Es war ein wirksames Pflegemittel für Haut und Haar und ein begehrtes Schönheitsmittel für Frauen und Männer, von der Theaterschauspielerin bis zum Athleten.

So verwundert es kaum, dass die menschliche Phantasie sowohl das Olivenöl als auch den Wein zu überirdischen Elixieren, Geschenken der Götter, erklärte. Beide wurden sie Teil der Mythologien und wichtiger liturgischer Bestandteil aller wichtigen Religionen, die sich nach und nach an der mediterranen Levante entwickelten.

Unter den schriftlichen Zeugnissen, die uns diese Religionen überlieferten, ragt durch seinen außergewöhnlichen und andauernden Einfluss auf die Geschicke der Menschheit eines heraus: die Bibel.

DAS ÖL IM ALTEN TESTAMENT

Die Bibel erwähnt das Öl und seinen durch die Zeitläufte der Geschichte hindurch treuen Begleiter, den Rebstock, zum ersten Mal konkret im zweiten Kapitel des Buches Genesis, welches die Sintflut beschreibt.

Nach dem Ende der Sintflut entlässt Noah an Bord der Arche zunächst einen Raben, dann eine Taube als Kundschafter ins Ungewisse – beide kehren zurück, ohne dass sie Land gefunden hätten. »Dann wartete er noch weitere sieben Tage und ließ wieder die Taube aus der Arche. Gegen Abend kam die Taube zu ihm zurück, und siehe da: In ihrem Schnabel hatte sie einen frischen Olivenzweig. Jetzt wusste Noah, dass nur noch wenig Wasser auf der Erde stand.«[1] Das nächste Kapitel beginnt mit seinen ersten Aktivitäten außerhalb der Arche: »Noah wurde der erste Ackerbauer und pflanzte einen Weinberg.«[2] Olivenbaum und Rebstock beginnen das uralte Abenteuer, das noch bis in unsere Tage anhält, gemeinsam.

Aus den vielen Bibelstellen, die den Olivenbaum thematisieren, seien nachfolgende besonders erwähnt:

> »Einst machten sich die Bäume auf, um sich einen König zu salben, und sie sagten zum Ölbaum: Sei du unser König! Der Ölbaum sagte zu ihnen: Soll ich mein Fett aufgeben, mit dem man Götter und Menschen ehrt, und hingehen, um über den anderen Bäumen zu schwanken?« Richter, 9, 8–9

1 Genesis, 8, 10–11
2 Genesis, 9, 20

»[...] wie ein prächtiger Ölbaum in der Schefela [...] wuchs ich empor.« Jesus Sirach, 24, 14

»Einen üppigen Ölbaum von schöner Gestalt hatte der Herr dich genannt.« Jeremias, 11, 16

»Gebt Acht, ob das Saatkorn weiterhin im Speicher bleibt und ob Weinstock und Feigenbaum, Granatbaum und Ölbaum immer noch keine Frucht tragen. Von heute an spende ich Segen.« Haggai, 2, 18–19

»Wenn du einen Ölbaum abgeklopft hast, sollst du nicht auch noch die Zweige absuchen. Was noch hängt, soll den Fremden, Waisen und Witwen gehören.« Deuteronomium, 24, 20

»In der Gotteswohnung ließ er zwei Cherubim aus Olivenholz anfertigen. [...] Für den Eingang zur Gotteswohnung ließ er Türflügel aus Olivenholz anfertigen.« 1. Buch der Könige, 6, 23 & 31

Lassen Sie uns diesen Stellen weitere hinzufügen, vor allem jene, die sich auf die sogenannte mediterrane Trias – Öl, Wein und Brot – beziehen.

»Auch jene, die bis nach Issachar, Sebulon und Naftali hin in ihrer Nähe wohnten, brachten auf Eseln, Kamelen, Maultieren und Rindern Lebensmittel zum Unterhalt herbei: Mehl, Feigen- und Traubenkuchen, Wein, Öl und eine große Menge Rinder und Schafe; denn es herrschte Freude in Israel.« 1. Buch der Chronik, 12, 41

»Sie kommen und jubeln auf Zions Höhe, sie strahlen vor Freude über die Gaben des Herrn, / über Korn, Wein und Öl, über Lämmer und Rinder.« Jeremia, 31, 12

»Da erwachte im Herrn die Leidenschaft für sein Land und er hatte Erbarmen mit seinem Volk. Der Herr antwortete seinem Volk und sprach: Seht, ich sende euch Korn, Wein und Öl, damit ihr euch daran sättigen könnt. Ich gebe euch nicht mehr der Schande preis unter den Völkern.« Joel, 2, 18–19

»[...] bis ich komme und euch in ein Land bringe, das eurem Land gleicht: in ein Land voll Getreide und Most, ein Land voll Brot und Wein, ein Land mit Ölbäumen und Honig.« 2. Buch der Könige, 18, 32

»Esri, der Sohn Kelubs, über die Feldarbeiter, die den Boden zu bestellen hatten, Schimi aus Rama über die Weinberge, Sabdi aus Schefam über die Weinvorräte in den Weinbergen, Baal-Hanan aus Bet-Gader über die Öl- und Maulbeerfeigenbäume in der Schefela, Joasch über die Ölvorräte [...]« 1. Buch der Chronik, 27, 26–28

Die sakrale Eigenschaft des Öls, das die Gesalbten zu Priestern macht, bleibt vom Buch Exodus an sowohl in den jüdischen Riten als auch im Christentum erhalten.

Unter den vielen im Buch Exodus beschriebenen Vorschriften, die Moses von Gott erhielt (1200 v. Chr.), findet sich diese: »Nimm die Gewänder und bekleide Aaron mit Leibrock, Efodmantel, Efod und Lostasche und bind ihm die Efodschärpe um! Setz ihm den Turban auf den Kopf und befestige das heilige Diadem am Turban! Nimm Salböl, gieß es auf sein Haupt und salb ihn!«[3] Die Zusammensetzung des heiligen Öls, das zur Salbung verwendet werden soll, wird Moses von Gott selbst vorgegeben. Sein essenzielles Element ist das Olivenöl:

»Nimm dir Balsam von bester Sorte: fünfhundert Schekel erstarrte Tropfenmyrrhe, halb so viel, also zweihundertfünfzig Schekel, wohlriechenden Zimt, zweihundertfünfzig Schekel Gewürzrohr und fünfhundert Schekel Zimtnelken, nach dem Schekelgewicht des Heiligtums, dazu ein Hin Olivenöl, und mach daraus ein heiliges Salböl, eine würzige Salbe, wie sie der Salbenmischer bereitet. Ein heiliges Salböl soll es sein.

3 Exodus, 29, 5–7

Auch Aaron und seine Söhne sollst du salben und sie weihen, damit sie mir als Priester dienen. Das soll euch als ein mir heiliges Salböl gelten von Generation zu Generation.« Exodus, 30, 23–25 & 30–31

»Dann fuhr Gott von dem Ort, an dem er mit ihm geredet hatte, zum Himmel auf. Jakob richtete an dem Ort, wo Gott mit ihm geredet hatte, ein Steinmal, einen Gedenkstein, auf. Darüber schüttete er ein Trankopfer und goss Öl darauf. Jakob gab dem Ort, an dem Gott mit ihm geredet hatte, den Namen Bet-El.« Genesis, 35, 13–15

»Darauf nahm Mose das Salböl und salbte die Wohnstätte und alles, was darin war, um sie zu weihen. Mit dem Öl spritzte er siebenmal gegen den Altar, salbte ihn und alle seine Geräte, das Becken und sein Gestell, um sie zu weihen. Vom Salböl goss er etwas auf das Haupt Aarons und salbte ihn, um ihn zu weihen.« Levítikus, 8, 10–12

Zu guter Letzt darf eine Erwähnung den Gebrauch des Öls zu Beleuchtungszwecken betreffend nicht fehlen:

»Du aber befiehl den Israeliten, dass sie dir reines Öl aus gestoßenen Oliven für den Leuchter liefern, damit immer Licht brennt.«

DAS ÖL IM NEUEN TESTAMENT

Das Olivenöl behält seinen Status als heiliges Symbol in der Liturgie des Neuen Testaments bei. Nicht von ungefähr bedeutet »Christus« »Der Gesalbte«.

In den Evangelien finden sich viele Hinweise bezüglich seiner medizinischen und kosmetischen Anwendung, sogar die Thaumaturgie (die Fähigkeit, Wunder zu bewirken) wird nicht ausgelassen.

»Dann kam ein Mann aus Samarien, der auf der Reise war. Als er ihn sah, hatte er Mitleid, ging zu ihm hin, goss Öl und Wein auf seine Wunden und verband sie. Dann hob er ihn auf sein Reittier, brachte ihn zu einer Herberge und sorgte für ihn.« Lukas, 10, 33–34

»Ist einer von euch krank? Dann rufe er die Ältesten der Gemeinde zu sich; sie sollen Gebete über ihn sprechen und ihn im Namen des Herrn mit Öl salben. Das gläubige Gebet wird den Kranken retten und der Herr wird ihn aufrichten; wenn er Sünden begangen hat, werden sie ihm vergeben.« Jakobus, 5, 14–15

»Sie trieben viele Dämonen aus und salbten viele Kranke mit Öl und heilten sie.« Markus, 6, 13

»Sie sagte zu den Mädchen: Holt mir Öl und Salben und verriegelt das Gartentor, damit ich baden kann.« Daniel, 13, 17

Das Olivenöl wird noch immer für Sterbende bei der Spende des Sakraments der Krankensalbung eingesetzt; vor dem II. Vatikanischen Konzil wurde dies als ›letzte Ölung‹ bezeichnet.

DIE ALTEN ÄGYPTER UND DAS OLIVENÖL

Die Beziehung von Olivenbaum und Religion wird am besten in der Gestalt des Gottes Osiris deutlich, der im Pantheon ägyptischer Gottheiten an oberster Stelle thront (seit dem vierten vorchristlichen Jahrtausend). Ein Teil des Wissens, das Osiris jenen verleiht, die an ihn glauben, ist die Kenntnis um den Anbau von Olivenbäumen.

Olivenblätter finden sich als Verzierung ritueller Gefäße, auch zu Kränzen geflochten, als Grabbeigaben diverser ägyptischer Pharaonen wieder, das berühmteste Beispiel hierfür ist das Grab des Tutanchamun.

Im Jahr 1198 v. Chr. bietet der mächtige Ramses III. dem Sonnengott Re die Erzeugnisse der Olivenhaine von Heliopolis (altägyptisch *Iunu*) an: »Ich gebe dir ein von diesen Bäumen gewonnenes, sehr reines Öl, das die Lichter in Deinem Heiligtum brennen lässt.« [4]

4 Siehe *Papyrus Harris I.*

GRIECHISCHE MYTHOLOGIE

Die Griechen messen, wie wir gesehen haben, dem Olivenbaum und seinem Öl sehr große Bedeutung bei, was sich überdeutlich in ihrer Mythologie widerspiegelt. Aristaios, Sohn des Gottes Apollon, war der Pionier, der die Menschen das Pfropfen, also die Veredelung von wilden Olivenbäumen und die Gewinnung von Olivenöl mittels Steinmühlen lehrte.

Nach der Gründung der ersten griechischen Kolonie, aus der sich später Athen entwickeln sollte (17. Jahrhundert v. Chr.), versammeln sich die Götter, um zu entscheiden, ob Athene oder Poseidon der Stadt ihren Namen geben dürfen. Poseidon erschuf ein prächtiges Pferd, das schnell war und im Kampfe gute Dienste leisten konnte. Athene entschied sich für ein Geschenk, das sich, ganz im Gegensatz dazu, in ein Symbol des Friedens verwandeln würde: Sie ließ einen Olivenbaum auf der Akropolis wachsen. Dies ist die heilige Anhöhe, die Athen überragt und auf der später das erste Theater der Welt und der weltberühmte, von Iktinos und Kallikrates (5. Jahrhundert v. Chr.) entworfene Parthenon errichtet werden sollten. Das Öl aus Athenes Geschenk nährte eine Flamme und damit das Licht, heilte Wunden und war gleichzeitig wertvolles Nahrungsmittel, reich an Geschmack und energiespendend.

Die Bewohner der Stadt, von den Göttern demokratisch – ein genuin griechisches Konzept! – befragt, entschieden sich treffsicher für den Olivenbaum als nützlicheres Geschenk. Athene verlieh folglich der Stadt ihren Namen und wurde zugleich Göttin des Friedens und der Weisheit sowie Schutzgottheit der Region. Den Olivenbaum umgab man mit einer Mauer und ließ ihn seitdem von eigens zu diesem Zweck ausgewählten Kriegern bewachen.

In der Verfassung von 594 v. Chr. stellte Solon, einer der sieben über die Stadt herrschenden Archonten, den Olivenanbau in ganz Attika unter den Schutz des Gottes Zeus. Es war ausdrücklich verboten, einen Olivenbaum zu fällen; nur in Momenten höchster Not oder für den Bau eines Tempels durften – höchstens zwei – Olivenbäume unter dem Schutz Athenes geschlagen werden.

Zu Ehren der Göttin Athene feierte man von 556 v. Chr. an vom 25. bis 28. des Monats Hekatombäon (zwischen Juli und August unseres Kalenders) die Panathenäen, ein Fest mit sportlichen Wettkämpfen (sog. gymnischen Agonen). Die Panathenäen zerfielen in kleine und große, diese fanden jedes vierte Jahr statt, jene feierte man alljährlich. Die siegreichen Athleten erhielten Geld und Silber- oder Goldmedaillen sowie Öl aus dem geweihten Olivenhain, das in wunderbare irdene Gefäße, die Panathenäischen Preisamphoren gefüllt war, die zwischen 22 und 39 Liter fassen konnten. Ein derart beschenkter Sieger zog mit 1000 bis 2000 Litern Öl nach Hause, was in Anbetracht des Inhalts und der kostbaren Gefäße ein nicht unbeträchtliches Vermögen darstellte.

Diese Tradition wurde von den römischen Kaisern Julius Caesar und Nero am Leben erhalten und hielt sich bis zum Ende des römischen Imperiums. Nach der Wiederbelebung der Olympischen Spiele im 20. Jahrhundert durch den Baron de Coubertin gedachte man anlässlich der Spiele von Athen im Jahr 2004 der alten Gepflogenheiten und krönte die Sieger mit Kränzen aus Olivenzweigen. Sie erhielten aber kein geweihtes Öl aus dem – nicht mehr existenten – Olivenhain noch die berühmten Panathenäischen Preisamphoren.

Wann immer sich ein fremdes Heer der Stadt näherte, versammelten sich die Athener in der Akropolis, um dort, im Schutz der mächtigen Mauern der Stadtfestung, im Schatten des heiligen Olivenbaums auszuharren, bis der Feind zurückgeschlagen war.

Nach den Perserkriegen und der Brandschatzung der Akropolis und des heiligen Olivenbaums auf Befehl des persischen Königs Xerxes kehrten die Athener in ihre Stadt zurück. Sie betrachteten verzweifelt die Zerstörung eines Großteils ihrer herrlichen Bauwerke. Mit großer Erleichterung stellten sie fest, dass der von der Göttin Athene gepflanzte Olivenbaum am unteren Teil des Stamms neue Triebe gebildet hatte. Seitdem war der Baum Symbol der Unsterblichkeit.

Die griechische Mythologie enthält eine bemerkenswert schöne Szene, in der Theseus, der mit seinem Schiff auf Kreta angelegt hatte, aufgrund eines heftigen Sturms nicht die Anker lichten und weitersegeln kann. Er opferte dem Gott Apollo einen mit weißer Wolle umwundenen Olivenzweig und konnte daraufhin, da sich das Unwetter sofort gelegt hatte, wieder in See stechen. Diese Begebenheit dürfte der Ursprung der sogenannten »Pyanepsie« sein, einer Art Erntefeier, bei der man den Göttern jährlich Olivenzweige und Krüge voller Honig oder Wein opferte.

RÖMISCHE MYTHOLOGIE

Romulus und Remus – die von einer Wölfin gesäugten Zwillinge göttlicher Abkunft und mythischen Gründer Roms – wurden, so weiß es die römische Fama, unter den Zweigen eines Olivenbaums geboren.

Die römische Mythologie ersetzte Athene als Göttin des Friedens und der Weisheit, die den Menschen den Olivenanbau lehrt, durch Minerva. Sie schreibt dem Halbgott Herkules die Verbreitung des Olivenanbaus an fast allen Küsten des Mittelmeers zu – besitzt er doch die Fähigkeit, mit jedem Schlag seiner (selbstverständlich olivenhölzernen) Keule auf den Erdboden ein neues Exemplar des Ölbaums wachsen zu lassen.

DER ISLAM UND DAS OLIVENÖL

Die außergewöhnliche Expansion des Islams erstreckte sich im Verlauf des 7. und 8. Jahrhunderts n. Chr. über die gesamte Levante und die Südküste des Mittelmeers, darunter auch viele der Regionen, in denen die Phönizier, gefolgt von den Römern, ihre größten Olivenplantagen angelegt hatten.

Seit ihren Anfängen hat sich der Islam die Kultur des Olivenbaums gleichsam einverleibt, sie erweitert und bereichert, wie es das Beispiel Al-Andalus, das muslimisch beherrschte Südspanien, zeigt. Bis zu ihrer endgültigen Vertreibung im 17. Jahrhundert spezialisierten sich die arabisch-stämmigen Mauren auf den Anbau von Olivenbäumen in Terrassenbeeten, die dem Verlauf der Höhenlinien auf steilen Hängen folgten. Sie sind noch heute Zeugen ihres Unternehmungsgeistes.

Der Koran enthält einen schönen Abschnitt über den Olivenbaum und sein Öl. Er beschreibt ihn als den Baum, »der aus dem Berge Sinai emporwächst; er gibt Öl und Soße für die Essenden.[5] […] Allah ist das Licht, der Himmel und die Erde. Das Gleichnis Seines Lichts ist wie eine Nische, worin sich eine Lampe befindet. Die Lampe ist in einem Glas. Das Glas ist gleichsam ein glitzernder Stern – angezündet von einem gesegneten Baum, einem Ölbaum, weder vom Osten noch vom Westen, dessen Öl beinah leuchten würde, auch wenn das Feuer es nicht berührte. Licht über Licht. Allah leitet zu Seinem Licht, wen Er will. Und Allah prägt Gleichnisse für die Menschen, denn Allah kennt alle Dinge.«[6]

5 23. Sure, Vers 20
6 24. Sure, Vers 35

VOM URSPRUNG EINER PFLANZE

»Olea prima arborum est.«
Lucius Iunius Moderatus Columella

»The olive tree is surely the richest gift of Heaven.«
Thomas Jefferson, Gründervater und Präsident der USA

HERKUNFT UND BOTANISCHE KLASSIFIZIERUNG

Wir haben gesehen, wie die griechische Mythologie den Sieg Athenes im Kampf gegen Poseidon mit einem einzigartigen Geschenk an die Stadt verknüpfte, die seitdem ihren Namen trägt – dem ersten Olivenbaum, der von da an als geweihter Baum galt.

In Wirklichkeit existierte der kultivierte Olivenbaum (oder echte Ölbaum) – *Olea europaea* nach Linnés Klassifizierung – schon Jahrtausende bevor die Athener ihn zum Zeichen ihrer hochentwickelten Mythologie und Kultur machten.

Verschiedene Ausgrabungen rund um das Mittelmeer förderten Olivenholz, -blätter und -steine zutage, die ihr Vorkommen auch als Wildpflanze beweisen – was man traditionellerweise bisher nur von dem wilden Ölbaum (*Olea europaea oleaster L.)* angenommen hatte – und das in archaischster Zeit, wie etwa dem 13. (Israel) bzw. 12. (Nordafrika) vorchristlichen Jahrtausend. Andere Untersuchungen an Überbleibseln von Olivenbäumen aus dem fünften Jahrtausend vor Christus, die man

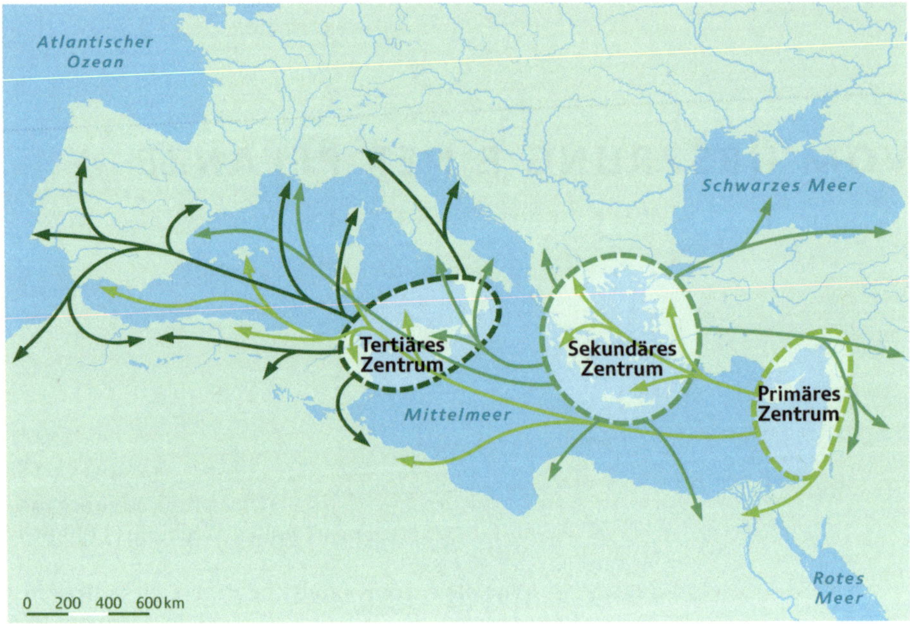

Verbreitung des Olivenanbaus von Syrien bis zur Iberischen Halbinsel

in Israel fand, kamen zu dem Ergebnis, dass sich diese von den heutigen kultivierten Olivenbäumen überhaupt nicht unterscheiden.

Die Mehrheit der Autoren stimmt darin überein, dass der östliche Mittelmeerraum und insbesondere Syrien die Ursprungsregion des Olivenanbaus ist. Gestützt wird diese Theorie durch die archäologischen Funde sowie die schriftlichen, das heißt historischen Zeugnisse, die sich in Ebla fanden.

Aus botanischer Sicht zählen die Olivenbäume, ob wild oder kultiviert, zur Familie der Ölbaumgewächse (*Oleaceae*), die über 20 Gattungen umfasst, einschließlich so häufig vorkommender Bäume wie der Eschen (*Fraxinus*), Sträucher der Gattung Liguster (*Ligustrum*) und Forsythie sowie Flieder (*Syringa*) oder Jasmin (*Jasminum officinale*).

Die Gattung *Olea*, der Olivenbaum also, umfasst etwa 600 Arten und Unterarten. Diese Pflanzen haben etliche gemeinsame Merkmale, wie ihre Anpassungsfähigkeit an rauhe oder trockene Klimazonen und ihre Wuchsform. Aber der Olivenbaum ist die einzige Pflanze, die essbare Früchte hervorbringt.

Systematische Klassifizierung der Familie der Ölbaumgewächse (Oleaceae)

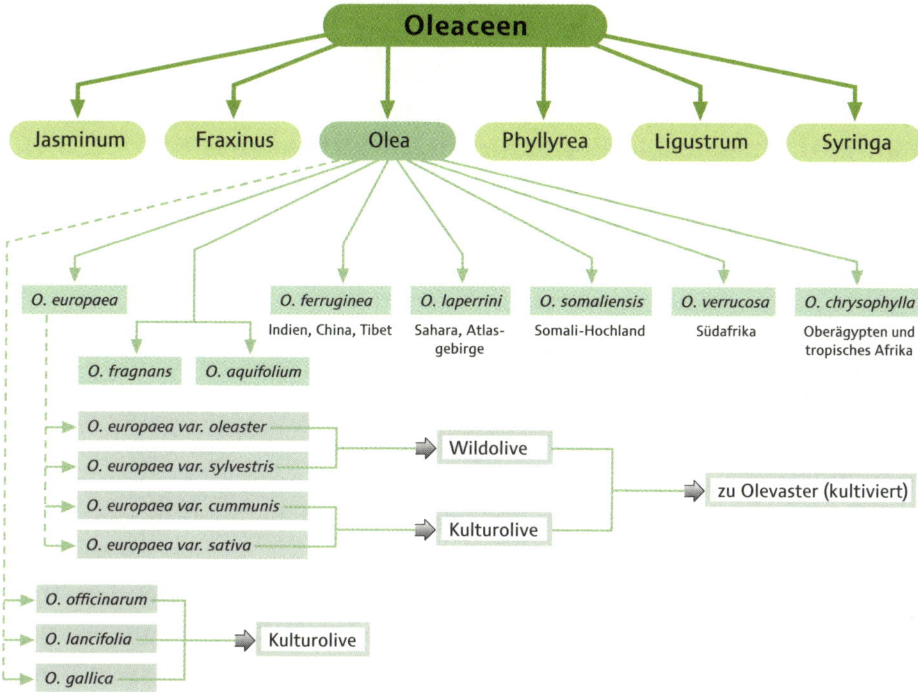

Es ist durchaus möglich, dass sich der Ölbaum aus natürlichen Kreuzungen verwandter *Olea*-Arten entwickelt hat. Die wahrscheinlichsten wären *Olea laperrinii* und *Olea chrysophilla*. Letztere, die auch als *africana* bezeichnet wird, ist erstaunlicherweise die geographisch am weitesten verbreitete, da sie in weiten Teilen Ostafrikas, im Westen der Arabischen Halbinsel und im Süden Vorderasiens vorkommt. Ebenfalls möglich wäre eine Kreuzung mit der in Afghanistan und Nepal (Westhimalaja) beheimateten *O. ferruginea*.

Es fanden sich auch endemische Wildolivenbäume in Australien und Neuseeland, wobei es sich dabei um ausgewilderte Exemplare von *Olea europaea* handelte.

Es lohnt sich, zu beachten, dass sämtliche Arten der Gattung *Olea* die gleiche Anzahl von Chromosomen aufweisen und Kreuzungen untereinander ohne weiteres möglich sind. Es wäre daher angebracht, den wissenschaftlich korrekteren Begriff der Unterart – Subspezies – auf die unterschiedlichen, über den ganzen Erdball verteilten Ökotypen dieser Pflanze anzuwenden und so sämtliche Gattungsvarianten unter der Bezeichnung *Olea europaea var.* zu fassen.

In den letzten Jahren wurden an verschiedenen Pflanzen DNA-Analysen vorgenommen, die durch erhebliche Fortschritte in der Genetik nun möglich sind. Die Ergebnisse dieser DNA-Analysen versprechen endgültig Licht auch ins Dunkel der botanischen Klassifizierung der *Olea europaea* zu bringen – eine Fragestellung, die noch immer nicht zweifelsfrei geklärt worden ist.

BOTANISCHE MERKMALE UND NATÜRLICHE UMGEBUNG

Der Olivenbaum erreicht in der Regel in Pflanzungen eine durchschnittliche Höhe von nicht mehr als zehn Metern, obwohl einige wilde oder verwilderte Exemplare bis zu 20 Metern und mehr hoch werden können.[1]

Seine Höhe wird also von den meisten anderen Baumarten übertroffen. Doch seine übrigen Qualitäten wie auch sein Beitrag zum Wohlergehen der Menschheit verwandelten ihn bald in jenen exzeptionellen Baum, auf den immer wieder die heiligen Schriften wie auch die Autoren des Altertums verweisen.

Schon der Stamm des Olivenbaums ist einzigartig. Sein langsames Wachstum und die dadurch bedingte Dichte ergeben nach dem Polieren ein stark glänzendes und geschmeidig-weiches Holz, das seit Jahrtausenden wegen seiner Widerstandsfähigkeit gegen Fäulnis hoch geschätzt wird und so auch die Langlebigkeit des Baumes widerspiegelt. Er ist einer der wenigen Bäume, dessen Alter oft Jahrhunderte, wenn nicht sogar Jahrtausende beträgt.

Ein weiteres charakteristisches Merkmal sind seine schnurförmigen, unabhängigen vaskulären Systeme, die jeden seiner Äste mit einer entsprechenden Wurzel verbinden, was zu unregelmäßig geformten, stark gekrümmten, von tiefen Furchen durchzogenen Stämmen führt, die nicht unbeträchtlich zur bildhauerischen Schönheit alter Olivenbäume beitragen.

1 Besonders beeindrucken die ungewöhnlich hohen (10–15 Meter) und stark vermoosten verwilderten Olivenbäume in Kalabrien, die dort eine Art Wald bilden.

Geografische Verbreitung der verschiedenen Wildformen des Olivenbaums

Die Basis des Olivenbaums ist fast immer breiter als der Stamm und kann bei alten, auch veredelten[2] Bäumen einen bis zu fünfmal größeren Durchmesser erreichen. Er enthält den Wurzelhals und besitzt eine au-

2 Die Pfropfung, eine Form der Pflanzenveredelung, bei der als Unterlage normalerweise ein wilder Ölbaum *(Oleaster)* verwendet wird, um produktivere kultivierte Sorten zu verbreiten, ist im westlichen Mittelmeerraum ein traditionelles Verfahren.

ßerordentliche Vitalität. In der Tat bilden sehr alte Exemplare, die abgeholzt wurden, Frost oder Bränden zum Opfer gefallen sind, häufig neue Triebe an der Basis aus, auch wenn sie schon unrettbar verloren schienen. Dies ist übrigens in vielen Olivenhainen der Toskana zu beobachten. Man kann also durchaus behaupten, dass der Sockel alter Olivenbäume das Geheimnis ihrer Unsterblichkeit birgt.

Die Hauptwurzel des Olivenbaums benötigt Jahre, um seitliche Nebenwurzeln auszubilden; das Wurzelwerk kann in durchlässigen und tiefen Böden bis zu sechs oder sieben Meter Länge erreichen, allerdings nur, wenn der Baum nicht künstlich bewässert wird.

Seine Blätter sind immergrün, haben die Form von Lanzetten und sind polymorph, das heißt, dass sie, je nach Alter, unterschiedlich geformt sind – in ihrem jugendlichen Stadium sind sie kleiner und rundlicher, wobei allerdings der größte Teil der Blätter im zweiten Jahr oder bei zu wenig Licht von den Zweigen abfällt.

Bemerkenswerterweise enthalten offenbar nicht nur die Olivenfrüchte Antioxidantien, sondern auch die Blätter – so dass Tee aus aufgegossenen Olivenblättern momentan immer beliebter wird.

Die Lichtintensität, zusammen mit der notwendigen Winterpause – eine ausreichende Anzahl von kalten Tagen, in denen die Durchschnittstemperatur 10 °C nicht überschreiten sollte – bewirken, dass der Ölbaum blüht und danach Früchte ausbildet. Die Früchte entwickeln sich nur an Stengeln, die sich das Jahr über vegetativ entwickeln konnten – ein Umstand, der für den Winterschnitt genauestens beachtet werden muss.

Der exakte Zeitpunkt des Jahres, in der die Differenzierung der Blütenknospen stattfindet, wurde von Fachleuten intensiv diskutiert. Wie es scheint, erfolgt der Prozess in zwei Phasen – die erste, mitten in Sommer, muss von einer zweiten abgeschlossen werden, während der die Winterpause ins Spiel kommt: Die Knospen verfestigen sich nur unter geeigneten Bedingungen, das heißt, bei einer ausreichenden Anzahl von Kältestunden.

Die Blüte des Olivenbaums ist in der gesamten Art *Olea europaea* von einheitlich gleicher Form und besteht aus vier miteinander verwachsenen Kelchblättern und vier weißen, an ihrer Basis ebenfalls verwachsenen Kronblättern, die zum Ende der Blütezeit abfallen.

Die Blüten des Olivenbaums können zweierlei Typs sein: ›perfekt‹ oder ›endogen‹ (sie sind in der Lage sich selbst zu befruchten, da sie

Olivenbaum in Kalabrien – unbeschnitten kann der Ölbaum bis zu 15 Meter und mehr an Wuchshöhe erreichen

Verschiedene Entwicklungsstadien der Olivenblüte

männliche und weibliche Geschlechtsorgane besitzen) und ›imperfekt männliche‹, die lebensfähigen Pollen produzieren. Interessanterweise gibt es keine ›imperfekt weiblichen‹ Blüten.

Bei einer beträchtlichen Anzahl von Olivensorten wie etwa der spanischen *Picual* (weltweit meistangebaute Sorte) und der *Arbequina* ist Fremdbestäubung nicht erforderlich. Bei den Sorten, die eine solche benötigen, wird dies durch Anpflanzen einer gewissen Anzahl von bestäubenden Bäumen (idealerweise 10 Prozent) anderer Sorten erreicht. In Italien, Griechenland – mit Ausnahme der Sorte *Koroneiki*, die sowohl durch Selbstbestäubung als auch Fremdbestäubung befruchtet wird – und in anderen Mittelmeerländern setzen sich die Olivenhaine aus verschiedenen Sorten zusammen, mit dem Ziel, die Bestäubung zu verbessern.

Die klimatischen Bedingungen sind für den Fruchtansatz (die Befruchtung der Blüten) entscheidend: Große Hitze kann den Früchten ebenso schaden wie regnerisches und kaltes Wetter.

Die Entwicklung der Olive ähnelt der nahezu jedes anderen Steinobsts. Nach der Befruchtung (Phase I) läuft die erste Zellteilung schnell ab (Phase II), gefolgt von einem langsameren Wachstum und der Ausbildung eines Samens oder Steins (Phase III). Nach Abschluss letztgenannter (auf der Nordhalbkugel gegen Ende Juli), hebt ein schnelles Wachstum an und beginnt die Synthese und Speicherung von Öl in der Olive (Phase IV oder Lipogenese). Während der zweiten Herbsthälfte kommt es zum Farbwechsel der Oliven (*véraison*), zu diesem Zeitpunkt ist die höchste sensorische und diätetische Qualität erreicht (Phase V): Das ist der ideale Erntezeitpunkt, denn der Zeitraum der Nachreife – in dem sich sämtliche Oliven dunkel violett bis fast schwarz färben (Phase VI) – bringt die Zerstörung des größten Teils der Polyphenole mit sich: Die wertvollen Vitalstoffe fallen einem der Vermehrung dienenden Mechanismus zum Opfer, der die Keimung des Samens mittels eines geeigneten antioxidanten Substrats schützt und so den Fortbestand der Art auch unter widrigen Umständen gewährleistet.

Eines der Probleme, die sich am negativsten auf die Wirtschaftlichkeit des Olivenanbaus auswirkt, ist der Wechsel von mehr oder minder reichen Ernten mit signifikant niedrigeren (*vecería*). Die späte Lese überreifer Oliven und ihr Ablösen mittels Stangen aus Holz oder anderen Materialien, die Stiele und Knospen beschädigen, verschärfen zudem das Problem. Dabei könnte es deutlich durch den Einsatz moderner Anbautechniken, inklusive Tröpfchenbewässerung, die frühzeitige Ernte in der Phase der *véraison* und den Einsatz mechanischer Erntesysteme ohne Gefährdung oder Beschädigung der Fruchtknospen reduziert werden.

KLIMA

Aus der Analyse der Faktoren, die die Differenzierung der Blütenknospen, den Fruchtansatz und die Qualität der Oliven bedingen, läßt sich eine eindeutige Schlussfolgerung ziehen: Der Olivenbaum, der sich besonders widerstandsfähig gegen widrige geologische und klimatische Bedingungen – langanhaltende Dürreperioden, relativ kalte Winter, zu heiße Sommer – zeigt, ist wiederum sehr anspruchsvoll bei bestimmten klimatischen Parametern.

Zum Beispiel: Er überlebt keine schweren Fröste (unter –10 °C), obwohl er relativ kühle Temperaturen (10 °C) benötigt, um die Differenzierung der Blütenknospen abzuschließen oder um zu verhindern, dass die Oliven unmittelbar nach ihrer Ernte zu gären beginnen. Fallen die Temperaturen während der Ernte nun allerdings auf unter –2 °C, schadet dies den Oliven aus qualitativer Sicht ganz beträchtlich. Auch benötigen die Blätter und Knospen des Olivenbaums hohe und konstante Lichtintensität und relativ hohe Durchschnittstemperaturen (15–30 °C) für ihr Wachstum zum Überleben oder zur Differenzierung, allerdings entwickelt sich der Fruchtansatz nicht aus der Blüte, wenn die Temperaturen wiederholt die 30°C-Marke überschreiten.

Es sind gerade diese sehr spezifischen Bedingungen, die erfüllt werden müssen, damit der Olivenbaum Früchte trägt – was, wie eingangs gesagt, nur auf einem Prozent der Gesamtanbaufläche der Erde möglich ist, nämlich da, wo das typische Mittelmeerklima herrscht. Gemeinsam monopolisieren diese Regionen weltweit nicht nur die Herstellung von Olivenöl und den Anbau von Oliven, sondern dominieren auch die Produktion von Wein, Trauben, Obst und Gemüse. Die Biodiversität ist sehr hoch.

Obwohl das Besondere am Olivenbaum die Eigenschaft ist, sich nur an ein strikt mittelmeerisches Klima anpassen zu können, ist darauf hinzuweisen, dass einige der qualitativ hochwertigsten extra nativen Olivenöle aus europäischen Regionen nahe der Anbaugrenze stammen, wie etwa im Fall der Toskana in Italien oder den hochgelegenen Plantagen im Innern Spaniens oder Griechenlands. Der Grund hierfür könnte darin liegen, dass in diesen Regionen die klimatischen Schwierigkeiten die Größe der Olivenhaine stark einschränken und zu einer recht frühen und vor allen Dingen schnellen Ernte in der *véraison*-Phase mit optimalen Umgebungstemperaturen (im Durchschnitt < 10 °C) zwingt, wodurch die Gefahr der Fermentation oder Oxidation der geernteten Oliven – ein in weniger kalten Regionen häufiges Problem – deutlich gesenkt wird.

ÜBER DIE GENETIK DER OLIVE

Der Olivenanbau, so Dr. Luis Rallo[3], entstand vermutlich mit der Entdeckung des Klonens, das heißt mit der vegetativen oder asexuellen Vermehrung.

Die ersten kultivierten Fruchtpflanzen (der Terminus *sativa*, der in der botanischen Klassifizierung nach Linné verwendet wird, bezieht sich auf die kultivierte Pflanze im Gegensatz zu ihrem Pendant *silvestris*, das waldbewohnend, also wild gewachsen ist) sind der Olivenbaum, der Weinstock, die Dattelpalme und der Feigenbaum. Ihnen allen gemeinsam ist die Fähigkeit zur vegetativen Vermehrung, die noch heute in den Baumschulen angewandt wird: Ein Wurzel- oder Triebteil dieser Pflanzen dient dazu, ein neues, aus genetischer Sicht identisches Exemplar (Klon) zu erschaffen.

Die Verwendung der vegetativen Vermehrung oder Klonung markiert den Beginn des Obstanbaus, der mitten in der Jungsteinzeit beginnt, etwa 3500 bis 4000 Jahre nach Beginn der Landwirtschaft (Getreide und Hülsenfrüchte) vor 10 000 Jahren. Eine einjährige Kulturpflanze zeichnet sich durch kurze Reifezeiten aus, die es erlauben, genetische Verbesserung durch Züchtung in relativ kurzer Zeit zu erzielen.

Obstbäume hingegen benötigen deutlich mehr Zeit, um Samen auszubilden, im Falle des Olivenbaums und mit den in jener Zeit verfügbaren Methoden sprechen wir hier von 10 bis 15 Jahren nach Aussaat des Saatguts – ein unüberschaubarer und daher unrealistischer Zeitraum für eine nomadische Bevölkerung, deren durchschnittliche Lebenserwartung kaum über zwanzig Jahren lag. Andererseits war die hybride Herkunft der Gattung *Olea europaea* in jedem Fall für Olivenbaum-Populationen wie auch für ihre Fruchtbarkeit und den Ölgehalt ihrer Früchte verantwortlich. Eine offensichtliche Voraussetzung dafür, dass die Landwirte Olivenbäume anpflanzten, war eine gewisse ökonomische und politische Stabilität, die nur durch eine längere Periode des Friedens gewährleistet wurde. In der Tat, wie in Athen während der Invasion der Perser geschehen, waren und sind die ersten Opfer des Krieges oder militärischer Besatzung häufig die Olivenbäume.

Dem Anbau traditioneller Sorten ging seltener der Wunsch nach einer guten Qualität des Öls voraus, sondern eher das Wissen über seine

3 Rallo, L./Barranco, D./Caballero, J. M./Del Río, C./Martín, A./Tous, J./Trujillo, I. (Hg.): *Variedades de olivo en España*. Madrid 2005.

Widerstandsfähigkeit im Bezug auf widrige Umstände, von Frost und Dürre bis zu Pilz- und Insektenbefall. Wenn die Ölbäume in schwierigen Regionen einigermaßen viele Oliven und Olivenöl hergaben, hatten sich die Bauern für eine Sorte entschieden – auch wenn eine andere Art geschmacklich deutlich besser gewesen wäre. Dieser ›produktivistische‹ Ansatz ist bedauerlicherweise noch in den allermeisten Anbauregionen und sogar auf vielen von Zentral- oder Regionalregierungen installierten Versuchsfarmen die Regel.

Die Hunderte von Sorten, die heute in der eigentlichen mediterranen Region existieren, sind noch nicht ausreichend dokumentiert, wie seinerzeit der damalige geschäftsführende Direktor des International Olive Oil Councils (IOC), Fausto Luchetti, im Vorwort des *Catálogo mundial de variedades del olivo* (Madrid, 2000) bekannte, der die 139 meistangebauten Sorten aufführt, die 85 Prozent der 8,7 Millionen Hektar Anbaufläche und 850 Millionen der damals existierenden Olivenbäume der Erde ausmachten.

Es war ein Römer spanischer Herkunft, Lucius Iunius Moderatus Columella, der zum ersten Mal dieses Thema aufbrachte: »Ich denke, dass es wie von den Reben, auch viele verschiedene Arten von Olivenbäumen gibt, allerdings hat mich nur Nachricht von neun erreicht: *Posium, Licinius, Sergius, Nevio, Culminio, Orquis, Regius, Navicula* und *Mirteo.*«[4] Interessanterweise hat sich keiner dieser von Columella erwähnten Stämme – noch nicht einmal dem Namen nach – in unserer Zeit erhalten. Ganz anders als etwa die *Muskateller* und *Malvasia*, zwei weiße schon im antiken Griechenland berühmte Rebsorten.

Der außerordentliche genetische Reichtum des Olivenbaums – in weitaus größerem Umfang als bei anderen Pflanzen erhalten, auf Grundlage seiner jahrtausendealten Geschichte, seiner Langlebigkeit und, wie schon erläutert, der geringen Sortenerneuerung in den jeweiligen Anbauregionen – stellt einen wichtigen Ausgangspunkt für seine Verbreitung im 21. Jahrhundert dar.[5]

4 L. I. M. Columella, *De re rustica libri XII.*

5 Möglicherweise als Hommage an sein Geburtsland und an die weltweit führende Stellung der Region Andalusien als Olivenölproduzent wurde 1970 in Córdoba (Spanien) in Zusammenarbeit mit der FAO (Food and Agricultural Organization, der Organisation für Ernährung der Vereinten Nationen) die erste weltweite Keim-Plasma-Bank für Olivenbäume ins Leben gerufen.

DIE GENETIK DER OLIVE – EINE VORDRINGLICHE AUFGABE

In dem hervorragenden Buch *Variedades de Olivo en España (Olivensorten in Spanien)* bestätigen seine Herausgeber, die alle höchst angesehene Forscher sind: »Der Olivenanbau hat nicht in der gleichen Weise von den Fortschritten der landwirtschaftlichen Forschung profitiert, wie es andere Kulturpflanzen getan haben.« Seine Beschränkung auf die mediterrane Welt hat ihn von den Weiterentwicklungen ferngehalten, die die Forschung auf anderen Gebieten, auf denen die Wertschätzung der Wissenschaft einer kulturellen Leitlinie entspricht, gezeitigt hat. Der Fall der Olivensorten ist dafür paradigmatisch. Derzeit wird in den meisten Anbauländern weiterhin eine breite Palette von Olivensorten angebaut. Allerdings ist die systematische agronomische Auswertung dieser Sorten hervorragend und die genetische Verbesserung ist auf dem Vormarsch.

Zusammenfassend lässt sich sagen, dass die Veränderungen, die der Olivenanbau erfährt, es erforderlich machen, dass die Innovation endlich zu einem selbstverständlichen Bestandteil dieses jahrhundertelang dem Empirismus verbundenen Systems wird.

Nachfolgend sei eine begrenzte Anzahl von Sorten erwähnt, die im Katalog der Olivensorten des IOC aufgrund ihrer kommerziellen und qualitativen Bedeutung oder ihres wichtigen Beitrags zur genetischen Vielfalt herausragen.

Die Anfangssammlung umfasste 65 Sorten; durch die Förderung der systematischen Katalogisierung spanischer Sorten umfasst der Bestand heute 272 Sorten.

DIE WICHTIGSTEN OLIVENSORTEN ZUR HERSTELLUNG VON OLIVENÖL		
Geographische Region	**Land**	**Sorten**
Europa	Spanien	*Picual, Arbequina, Hojiblanca, Cornicabra, Empeltre, Manzanilla Cacereña*
	Italien	*Frantoio, Moraiolo, Leccino, Tonda Iblea, Bosana*
	Griechenland	*Koroneiki, Kalamata, Adramitini*
	Frankreich	*Tanche, Aglandau, Picholine*
	Portugal	*Galega, Cordovil de Serpa*
	Zypern	*Ladoelia*
	Kroatien	*Oblica*
	Slowenien	*Bianchera*
Maghreb	Tunesien	*Chétoni, Chemlali Sfax*
	Marokko	*Picholine marocaine*
	Algerien	*Azeradj*
Mittlerer Osten	Syrien	*Zaity, Sorani, Doabli*
	Libanon	*Soury*
	Palästina/Jordanien	*Nabali Baladi*
	Israel	*Barnea, Kadesh, Merhavia*
Kleinasien	Türkei	*Ayvalik, Memecik, Erkence*
Amerika	Chile	*Azapa*
	Argentinien	*Aranco*
	USA (Kalifornien)	*Mission*

Landschaftsdesign von Fernando Carruncho

Jeder Baum wird mit den Jahren zu einer einzigartigen Skulptur. Selbst junge Olivenbäume schmücken häufig genug, in schönen Töpfen aus Terrakotta[6], Straßen, Plätze, Terrassen oder Gärten. Ein gutes Beispiel hierfür sind viele italienische Städte.

Wenn die Olivenbäume erst einmal jahrhunderte- oder gar jahrtausendealt sind, verwandeln sie sich in lebendige Skulpturen von beeindruckender Kraft, Persönlichkeit und Schönheit.

Viele der schönsten Landschaften am Mittelmeer sind von Olivenhainen und Weingärten oder gar beidem geprägt. Die Landschaften können von terrassenförmigen Anlagen bestimmt sein wie in der Toskana oder von steilen Hängen in bergigen Zonen oder auf Vulkanboden wie auf Sizilien.

Die Zweifarbigkeit der Olivenblätter, dunkelgrün auf der Oberseite,

6 Terra cotta – wörtlich: »gekochte Erde«, erreicht in der Toskana eine geradezu sprichwörtliche Schönheit und Dauerhaftigkeit, wo man den als *Cagliostro* bekannten mineralischen Lehm verwendet, der auch Teil des Terroirs der berühmten toskanischen Weine ist.

silbrig-glänzend auf der Unterseite, ergibt vielfach changierende, spektakuläre Bilder – je nachdem, ob es an diesem Tag windstill ist oder eine leichte Brise weht. Wie so viele Dichter und Schriftsteller festgehalten haben, verwandeln sich die Wipfel alter Olivenbäume in Mondnächten zu Silber.

Die Schönheit des Olivenbaums, gemeinsam mit seiner außergewöhnlichen Lebenskraft und Robustheit, die es auch ermöglicht, ihn im hohen Alter ohne Schaden zu verpflanzen, und sein geringer Durst nach Wasser machten ihn seit der Antike bis heute zum beliebten Gartenbaum.

FERNANDO CARUNCHO[7] ÜBER DEN OLIVENBAUM

»Ich war wohl fünf Jahre alt und spielte stundenlang unter einem Aprikosenbaum mit Milka, einer Boxerhündin. Und in diesen Stunden, im Schatten dieses Baumes, entstand zwischen uns dreien, dem Baum, dem Hund und mir, eine jener ungemein echten, tiefen Freundschaften meiner Kindheit.

Einige Jahre später, auch in Andalusien, auf einem Landgut in der Sierra nahe Antequera, lernte ich einen anderen Baum kennen: den Olivenbaum. Ich erinnere mich daran, als ob es gestern gewesen wäre. Es war nachts, gleich nach dem Abendessen, wenn die Sommerhitze eine Art entspannte Schlaflosigkeit erzeugt. Meine Cousins waren im Haus beschäftigt. Ich ging in den Garten, um mich vom Glanz jener Sterne überwältigen zu lassen, wie es sie nur in Andalusien gibt und die mit dem Duft des Jasmins und der von Schritten auf dem Kies unterbrochenen Stille vergehen. Inmitten des Gartens sang ein Steinbrunnen seine klangschöne *soleá*[8], Tropfen für Tropfen. Am Ende der Gartenmauer ein Olivenbaum neben einem Gittertürchen, das sich gen Garten der Schatten und Nachtigallen öffnen ließ. Ein sich neigender Olivenbaum, ne-

7 Fernando Caruncho ist ein bedeutender Landschaftsarchitekt, Gestalter und Schöpfer wichtiger Gärten und landschaftlicher Entwürfe in Spanien, Italien, Griechenland und England. Das Buch *Mirrors of Paradise: The Gardens of Fernando Caruncho* von Gordon Taylor, Guy Cooper und Dan Kiley mit Fotografien von Laurence Toussaint (New York, 2000) lässt seiner international anerkannten Kunst Gerechtigkeit widerfahren, in der die Olivenbäume unverändert eine wichtige Rolle spielen.

8 ein andalusisches Klagelied

ben einer Bank aus Kalkstein und Lehm, als Türsturz über dem Gitter. Ich weiß nicht weshalb – ich lehnte meinen Rücken gegen den gebeugten Rücken des Olivenbaums. Während ich das tat, spürte ich einen Strom von Sternen durch meine Wirbelsäule fließen, so als ob ich auch ein Baum gewesen wäre, der sich an einen anderen lehnte, und diese sich wiedererkannten.

Da begriff ich, auf so einfache Art, wie es nur in der Kindheit oder Jugend geschieht, dass ich auch ein Teil des Kosmos war, Teil dieses sternenübersäten Himmels, wie der Jasmin, der an die Gartenmauer gelehnt wächst.

Was für ein erstaunlicher Moment der Selbstvergessenheit!

Was für eine wunderbare Erfahrung, zu wissen, dass du nichts bist und doch alles.

Diese Erregung wird dich Zeit deines Lebens begleiten.

Wenn du aus diesem Traumgespinst erwachst, das sich dann in lebendige Realität verwandelt, verstehst du, dass alles eine Seele besitzt und jener Olivenbaum mir seine gezeigt hatte.

Jahre später las ich den Satz eines Dichters, der all diese Augenblicke miteinander verband, den Aprikosenbaum mit dem Ölbaum, den Hund mit dem Kies des Gartens und seinen Brunnen mit den Sternen. ›Der Künstler blickt auf die Landschaften seiner Seele‹, schrieb José Ortega y Gasset. In jener Nacht lehrte mich der Olivenbaum das zu verstehen. Die Seele der mediterranen Landschaft ist im Olivenbaum, in seiner uralten Größe und prächtigen Gegenwart, der wie ein mächtiger Fels aufragt: kraftvoll und großzügig – mit erhobenen Armen versucht er die Sterne einzufangen.«

Im Park der Olivenbäume in Ramat Rachel

DIE ROUTEN DES OLIVENBAUMS – SPAZIERGÄNGE IM HEILIGEN LAND

Sowohl die UNESCO (2003) als auch der Europäische Rat (2005) haben den Beitrag des Olivenbaums zu den mediterranen Landschaften anerkannt und auf eine Petition Griechenlands hin erwogen (anlässlich der Olympischen Spiele von 2004 in Athen), eine Route des Olivenbaums in jedem Land einzurichten, das über historische Olivenhaine verfügt.

Israel weihte im Jahr 2008 ein sehr interessantes Ensemble von Routen des Olivenbaums ein, das sich über Regionen wie den Negev, Galiläa, Akkon, Haifa, Tel Aviv, Be'er Sheva und Jerusalem erstreckt. Der Ölberg mit dem (2000 Jahre alten) Garten Gethsemane, der schon in biblischen Zeiten mit Olivenbäumen bepflanzt war und in dem Papst Benedikt XVI. im Mai 2009 ebenfalls einen Olivenbaum setzte, zieht Touristen aus der ganzen Welt an. Der Park der Olivenbäume von Ramat Rachel, einem Kibbuz nahe Jerusalem, birgt die möglicherweise weltweit einzigartigste, einem Olivenbaum gewidmete Skulptur: Drei Olivenbäume wachsen auf 15 Meter hohen Säulen, die über einer wunderschönen Aussicht auf Jerusalem emporragen.

DER KÖNIG DER MEDITERRANEN DIÄT

VON HIPPOKRATES ZU ANCEL KEYS: 2500 JAHRE GESUNDE ERNÄHRUNG

Auf der griechischen Insel Kos verweilen täglich viele Touristen für einige Minuten vor einer uralten Platane: Die Legende will, dass vor fast 2500 Jahren unter ihr der weise Hippokrates, Begründer der Ärzteschaft, seine Patienten behandelte. Die meisten seiner Heilmittel enthielten Olivenöl oder Wein. Beide wurden auch für äußere Anwendungen benutzt – von der Desinfektion bis zu Massagen und kosmetischen Verwendungszwecken wie Haut- und Haarpflege. Hippokrates befürwortete das seelische und körperliche Gleichgewicht wie auch eine gesunde Diät[1] als vorbeugende Therapie.

In den folgenden Jahrhunderten war sowohl die Medizin von Hippokrates als auch der berühmte hippokratische Eid – ein Codex ärztlicher Ethik, der ihre Ausübung regelte und bis heute Bestand hat – von enormer Bedeutung. Die von Hippokrates vorgeschlagene Diät ist heute, wie wir sehen werden, aktueller denn je.

Nachfolgende Generationen von Wissenschaftlern und Ärzten aus verschiedenen Epochen und Kulturen waren sich des Zusammenhangs zwischen Olivenöl und Gesundheit stets bewusst.

Der griechische Geschichtsschreiber Polybios (200–120 v. Chr.) führt den Sieg der Invasoren aus Karthago gegen die römischen Legionen am

1 Die Bezeichnung ›Diät‹ stammt aus dem Griechischen – *díaita* – und bedeutet ursprünglich so viel wie Lebensführung, was auf ein deutlich weitgefassteres Konzept als Ernährungsweise oder gar Diät im Sinne von Gewichtsverlust verweist.

Fluss Trebia (218 v. Chr.), der sich an einem klirrend kalten Wintertag ereignete, darauf zurück, dass die karthagischen Offiziere und Soldaten ihre Körper gegen die Kälte mit Olivenöl eingerieben hatten, bevor sie in das eisige Wasser stiegen – jenes Wasser, das die Römer derart lähmte, dass sie ihre Waffen nicht benutzen konnten. Dies war eine Technik, so Polybios, die die Römer bis dahin nicht kannten.

Der Römer Plinius d. Ä. empfahl das Olivenöl zur Behandlung von Verbrennungen, zur Aufhellung der Zähne oder um übermäßiger Transpiration Herr zu werden. Er verordnete das Öl als Salbe, eine Form, die in der Antike außerordentlich wichtig war. So verwendeten es auch griechische und römische Athleten, die danach ihre Haut mit Metallschabern reinigten – es besteht kein Zweifel, dass das Öl für medizinische Zwecke hoch geschätzt wurde.

Der griechische Arzt Galenos (130–200 n. Chr.), der in Rom lebte, entdeckte die positiven Wirkungen von Olivenöl bei innerer Anwendung – auf Leberkrankheiten und die Gallenblase sowie als vorbeugende Maßnahme gegen Gallen- und Nierensteine.

Jahrhunderte später verschrieb ein anderer berühmter Arzt, in diesem Fall arabischer Herkunft – Avicenna, geboren in Afshāna bei Buchara, heute Usbekistan (980–1037 n. Chr.) –, das Öl zur Behandlung von Gicht, Migräne oder Darmparasiten, nachzulesen in seinem *Buch der Heilung* oder im *Kanon der Medizin*.

Die von Andrés Laguna (1499–1559) im 16. Jahrhundert verfasste medizinische Abhandlung preist die heilenden Eigenschaften des aus grünen Oliven gewonnenen, gewiss extra nativen Olivenöls (*oleo omphacino*), das er als »frisch, duftend, im Geschmack nicht scharf« beschreibt und das er empfiehlt, um »das Zahnfleisch zu festigen und die Zähne zu richten, den Schweiß zu unterdrücken oder den Magen zu behandeln«. Das aus schwarzen Oliven gewonnene Öl »macht den Unterleib geschmeidig, bewahrt, eingerieben, den Körper vor Kälte, vertreibt Würmer und heilt iliakale Schmerzen«.

Obwohl viele Ärzte weiterhin den diätetischen und sogar den pharmakologischen Gebrauch des Olivenöls (in Großbritannien bis Mitte des 20. Jahrhunderts vor allem in Apotheken angeboten) empfahlen, war sein Gebrauch als Lebensmittel auf die Mittelmeeranrainer beschränkt.

Lange Zeit war es in der Moderne still geworden um die Verdienste des Olivenöls für die Gesundheit. Erst 1970 sorgte ein Amerikaner für großes Aufsehen in der naturwissenschaftlichen Szene: Ancel Keys empfahl, sich so zu ernähren wie die Kreter und gab Ratschläge, die denen von Hippokrates nachempfunden waren. Diese Prinzipien nannte Keys die mediterrane Diät, ein Schlagwort, das bis heute brisant geblieben ist.

Als der Ernährungswissenschaftler Keys 1957 seine berühmte *Seven Countries Study* in Angriff nahm, eine epidemiologische Studie, die den Einfluss der Ernährung auf Herz-Kreislauf-Erkrankungen – der weltweit häufigsten Todesursache – untersuchte, war er schon sehr renommiert. Sechzehn Jahre zuvor hatte ihn General Dwight D. Eisenhower, Oberbefehlshaber der alliierten Streitkräfte in Europa während des Zweiten Weltkriegs und später Präsident der Vereinigten Staaten, beauftragt, die wichtigste Voraussetzung für jegliche militärische Strategie neu zu entwickeln: den täglichen Nahrungsmittelbedarf für seine Truppen in Form einer Ein-Mann-Packung[2] in einem Krieg, der über die Zukunft Europas und der ganzen Welt entscheiden sollte.

Keys, von Beruf Physiologe, war mit einer Griechin verheiratet, gebürtig von jener schönen Insel Kreta, die, wie wir gesehen haben, eng mit der Geschichte des Olivenöls verbunden ist. Das Ehepaar Keys urlaubte gern auf Kreta. Der persönliche Kontakt Ancel Keys' zu den Bewohnern der Insel, die eine mediterrane Diät in Reinform praktizierten, die also noch nicht von äußeren Einflüssen kontaminiert war, sollte sich als wichtig erweisen.

Als die *Seven Countries Study* 1970 in der renommierten medizinischen Fachzeitschrift *Circulation* veröffentlicht wurde, waren ihre Leser – vor allem Kardiologen aus aller Welt – sprachlos. Die Sterblichkeitsrate auf Kreta nach akuten Herzerkrankungen (Kreta war gewählt worden, um in dieser Studie Griechenland zu repräsentieren) lag 98 Prozent niedriger als in den Vereinigten Staaten, die den letzten Platz in der Rangfolge der untersuchten sieben Länder einnahmen: Griechenland, Italien, Jugoslawien, Niederlande, Finnland, Japan und eben die USA.

In der Tat unterschied sich die mediterrane Ernährung eines Kreters himmelweit von der eines Nordamerikaners, wie sich aus der beigefügten Tabelle entnehmen lässt, die auf Daten aus der *Seven Countries Study* basiert. Ein Kreter aß jährlich etwa viermal so viel Brot, dreißigmal so viel Hülsenfrüchte, zweimal so viel Obst, sechsmal mehr Fisch

2 zu Ehren Keys' *K-ration* genannt

und achtmal weniger Fleisch. Bemerkenswert ist der Unterschied auch beim Fett: Der Kreter nahm zwar dreimal so viel zu sich wie der Amerikaner, aber mit einem bedeutenden Unterschied in der Zusammensetzung. Der größte Teil stammte von jährlich etwa fünfzig Litern extra nativem Olivenöl, während die Nordamerikaner hauptsächlich tierische Fette zu sich nahmen.

Ähnlich verhielt es sich auch mit dem Alkoholkonsum der Kreter, der zweieinhalbmal so hoch war wie in den USA, aber vor allem in Form von Rotwein konsumiert wurde. Die Amerikaner nahmen dagegen hauptsächlich Spirituosen zu sich.

VERZEHR IN GRAMM PRO TAG	KRETA	USA
Brot	380	97
Hülsenfrüchte	30	1
Gemüse	191	171
Obst	464	233
Fleisch	35	273
Fisch	18	3
Fette	95*	33
Alkohol	15**	6
Koronare Mortalität	**9**	**424**

* hauptsächlich extra natives Olivenöl ** hauptsächlich Rotwein

Der Wiederentdeckung der mediterranen Diät durch Keys war in den Medien zunächst einmal sehr viel weniger Erfolg beschieden als einer anderen Entdeckung jener Tage: dem Joggen. Anzumerken wäre, dass Ancel Keys 2004, im Alter von 100 Jahren, starb, deutlich später als die Pioniere und Befürworter des Joggens, von denen einer verfrüht an Herzversagen starb – beim Joggen.

Die *Seven Countries Study*, deren vollständige und endgültige Version 1980 in Buchform veröffentlicht wurde, erwies sich als Ausgangspunkt für eine große Anzahl ähnlicher Studien zur mediterranen Diät und einigen ihrer wichtigsten Bestandteile: Wein und extra natives Olivenöl. Von den neunziger Jahren an stützten sich – motiviert durch die zunehmende Verbreitung der wissenschaftlichen Forschungsergebnisse zur Ernährung in den Massenmedien – die Untersuchungen und später auch die Kommunikation der großen Nahrungsmittelkonzerne auf die diätetischen Eigenschaften ihrer Produkte. Seitdem ist die Ernährung das Objekt einer stetig wachsenden Zahl wissenschaftlicher Studien, die sich in zwei Kategorien einteilen lassen:

A) Epidemiologische Arbeiten – wie die *Seven Countries Study* – die über einen mehr oder weniger langen Zeitraum bestimmte gesundheitliche Parameter in Bevölkerungsgruppen analysieren und diese in Bezug zu verschiedenen Faktoren oder Verhaltensweisen, in diesem Fall verschiedenen Essgewohnheiten, setzen.

B) Biochemische Untersuchungen im Labor, die in Analysen die genauen Wirkungen von Lebensmitteln nachzuweisen versuchen.

DIE FETTE DES OLIVENÖLS

Fette können tierischen oder pflanzlichen Ursprungs sein und sind für menschliches Leben unerlässlich. Sie müssen mindestens einen Anteil zwischen 25 Prozent und 30 Prozent aller Kalorien beitragen, obschon in westlichen Ländern dieser von Ernährungswissenschaftlern empfohlene Grenzwert zum Teil weit überschritten wird und einen Durchschnittswert von 40 Prozent erreicht.

Die Unterschiede zwischen den Fetten basieren auf der Zusammensetzung der Fettsäuren; sie sind aus ärztlicher Sicht immens. Fettsäuren sind Ketten, die aus den Atomen Kohlenstoff (C), Wasserstoff (H) und Sauerstoff bestehen. Damit es keine langweilige chemische Lehrstunde wird, nur so viel: Am Anfang der Fettsäure steht immer eine Methylgruppe (-CH3), am Ende immer eine COOH-Verbindung, die das Kennzeichen einer organischen Säure ist.

Die Kohlenstoff-Atome sind in den Fettketten aneinandergeknüpft. Der wichtigste Unterschied zwischen gesättigten und ungesättigten Fetten ist dieser: Gesättigte Fette haben nur eine Einfachverbindung zwischen den Kohlenstoffatomen. Ungesättigte

Fettsäuren haben dagegen mindestens eine Doppelbindung. Das klingt komplizierter, als es ist: Die Butter, als gesättigte Fettsäure, hat eine einfache Kette; bei Pflanzenölen ist die Kette doppelt gelegt. Ganz einfach sind die Fettsäuren an der Festigkeit zu erkennen: Gesättigte Fettsäuren machen die Butter bei Raumtemperatur fest, während das ungesättigte Fett in Form von Pflanzenöl flüssig ist.

Wenn wir jetzt nur die Pflanzenöle betrachten, gibt es einen wichtigen Unterschied bei der Kette: Einfach ungesättigte Fettsäuren, Kennzeichen des Olivenöls, haben nur ein Doppelglied in der Kette. Mehrfach ungesättigte Fettsäuren haben mehrere dieser Glieder. Eine Kette mit solch vielen Gliedern kann man sich zerbrechlicher vorstellen als die mit einem einfachen Glied – das Öl daraus ist nicht hitzestabil und oxidiert schneller. Bekannte Vertreter dieser Säuren sind die Linolsäure (zweifach ungesättigt, zwei Doppelglieder in der Kette) und die Alpha-Linolensäure (dreifach ungesättigt, also drei Doppelglieder in der Kette).

Die Mediziner und Ernährungswissenschaftler haben diese beiden Fettsäuren mit simplen Schlagwörtern benannt: Linolsäure wird Omega-6 genannt, Alpha-Linolensäure Omega-3.

Omega-3-Fettsäuren gelten als sehr wertvoll für die Ernährung, sie sind in Leinöl, Raps- und Walnussöl sowie in fettem Seefisch wie Lachs, Hering und Makrele enthalten (mit Olivenöl haben sie nichts zu tun). Omega-6 findet sich in großer Menge in Sonnenblumenöl, Maiskeimöl sowie auch in tierischen Fetten.

Fette sind in ›gute‹ und ›böse‹ Fette zu unterscheiden. Als ›böse‹, jedenfalls negativ und gesundheitsgefährdend, gilt das Fett aus gesättigten Fettsäuren: Typische Produkte daraus sind Butter, Sahne, Käse, Speck, Fleisch, Wurst, aber auch verarbeitete Lebensmittel wie Kekse, Schokolade, Fertiggerichte und frittierte Lebensmittel. In den westlichen Industriegesellschaften nehmen die Menschen zu viele dieser Fette zu sich. Zahlreiche Studien haben bewiesen, dass eine zu reichliche Menge dieser gesättigten Fette das Risiko für Fettstoffwechsel-Erkrankungen stark erhöht.

Vor allem das ›schlechte Cholesterin‹ LDL (*low density lipoproteins*) wird durch gesättigte Fette im Blut erhöht. Ein zu hoher LDL-

Spiegel im Blut lässt die Arterien ›altern‹ (es oxidieren die Zellen in den Arterien), es erhöht sich das Risiko für Arteriosklerose und damit für Herzinfarkt und Schlaganfall.

Diesen LDL-Cholesterinspiegel kann das Olivenöl wirksam senken. Es gilt mittlerweise als bewiesen, dass Olivenöl dank seines hohen Gehalts an einfach ungesättigten Fettsäuren das LDL-Cholesterin absenkt, das ›gute‹ HDL-Cholesterin aber nicht angreift. HDL-Cholesterin (*high density lipoprotein*) ist ein wichtiges Transportmittel in den Blutgefäßen, wertvoll für den Stoffwechsel und darf nicht zu niedrig in den Blutgefäßen enthalten sein. Wird bei einer Blutanalyse ein zu niedriger HDL-Cholesterin-Wert entdeckt, gilt dies dem Arzt als Risikofaktor für eine Herzerkrankung.

Der Vorteil von Olivenöl im Vergleich zu Sonnenblumenöl oder Leinöl ist der: Das gute HDL-Cholesterin bleibt erhalten, das negative LDL-Cholesterin wird aber abgesenkt. Zu viel Linolsäure (Omega-6) kann Entzündungen im Körper verursachen und die Blutgefäße verengen.

Deshalb raten Ernährungswissenschaftler heute, weniger Omega-6-Öle zu sich zu nehmen, dafür aber mehr Omega-3 – also weniger Sonnenblumenöl zu konsumieren, dafür aber mehr Leinöl und Makrele – und dazu so viel Olivenöl wie möglich!

Die folgende Tabelle erleichtert die Übersicht über den Charakter verschiedener Speisefette. Früher haben Ernährungswissenschaftler zwar die gesättigten Fette verdammt (Butter und Speck), aber dafür etwas zu kurzsichtig allgemeine Speiseöle wie Maiskeimöl oder Sonnenblumenöl propagiert. Heute wird wesentlich differenzierter auf die Fettsäuren geschaut. Wie oben schon beschrieben, sollte der ernährungsbewusste Mensch sich im Sinne einer gesunden Ernährung bei mehrfach ungesättigten Fettsäuren etwas zurückhalten und dafür lieber etwas mehr einfach ungesättigte Fette zu sich nehmen – in anderen Worten: Genießen Sie unbesorgt extra natives Olivenöl, es tut Ihnen gut!

FETTSÄUREN

(Angaben in Prozent, bezogen auf den Gesamtfettgehalt)

Fette und Öle	Lipide insgesamt	gesättigt	Einfach ungesättigt	Mehrfach ungesättigt
Butter	83	59	21	3
Schweinschmalz	99	42	48	9
Speck	99	54	38	7
Margarine	84	50	23	11
Olivenöl	**100**	**17**	**73**	**10**
Erdnussöl	100	20	53	27
Maiskeimöl	100	31	21	48
Sojaöl	100	16	23,5	60,5
Sonnenblumen-kernöl	100	8	34	58
Kokosöl	100	91	7,5	1,5

Es sieht so aus, dass der Kampf der amerikanischen Food and Drug Administration gegen den Fettverzehr keine nennenswerten Erfolge erzielt hat: Von 1980 bis heute ist die Zahl der krankhaft fettleibigen Nordamerikaner von 14 Prozent auf 34 Prozent der Gesamtbevölkerung gestiegen. Eine mögliche Erklärung könnte die massive Einnahme von trans-Fetten sein.

TRANS-FETTE: EINE NOTWENDIGE REFORM

Neben größtenteils mehrfach ungesättigten pflanzlichen Fetten verwendet die Lebensmittelindustrie gesättigte Fette tierischen Ursprungs und gewaltige Mengen eines dritten Fett-Typs, die (industriell) geharteten Fette. Diese waren ursprünglich mehrfach ungesättigte Fettsäuren. Durch den Prozess der Härtung verändert sich deren Molekularstruktur von einer cis-Form zu einer trans-Form.[3]

Wozu gehärtete Pflanzenfette? Mitte der achtziger Jahre dachte man, dass die chemisch veränderten Pflanzenfette eine gesunde Alternative zu tierischen, also gesättigten Fettsäuren, sein könnten. Anfangs schienen Studien dies auch zu belegen, und mit gutem Gewissen griff die Lebensmittelindustrie beherzt zu den neuen Fetten, die für Kekse, Schokoriegel, Kartoffelchips und zahlreiche andere Snacks und Fertigprodukte unentbehrlich wurden.

Seit 1990 aber offenbarten neue Untersuchungen die erschreckend negativen Auswirkungen der trans-Fettsäuren: Sie erhöhen drastisch den Anteil des negativen LDL-Cholesterins, senken das gute HDL-Cholesterin, erhöhen das Risiko für Herzerkrankungen, Arteriosklerose und Schlaganfall.

Ende 1999 änderte daraufhin die Food and Drug Administration der USA ihre Vorschrift für die Etikettierung von Lebensmitteln: Die trans-Fettsäuren mussten künftig zu den gesättigten Fettsäuren zugeschlagen und aufgelistet werden.

Aber die Nahrungsmittelindustrie – ein Riesenmarkt in den USA und Europa – verwendete natürlich weiterhin trans-Fettsäuren in großen Mengen, für Croissants, Donuts, Muffins, Kekse aller Art, Chips und Pommes frites oder viele billig hergestellte Schokoladenriegel und -tafeln. Die Besorgnis der Behörden ob dieser unhaltbaren Situation wuchs. Am 10. August 2005 rief die Gesundheitsbehörde der Stadt New York die Restaurants, Lebensmittelhändler und -zulieferer dazu auf, freiwillig[4] jegliche Lebensmittel mit trans-Fetten aus den Küchen (und Lagern) zu verbannen und durch trans-Fett-freie zu ersetzen. Die Behörden waren

3 Die trans-Konfiguration ist die Veränderung einer der für die ungesättigten Fettsäuren charakteristischen Doppelbindung, und zwar genau an der neunten Stelle in der Kette. Diese Doppelbindung verliert durch die Hydrierung ihre Helixform (charakteristisch für die cis-Form) und verändert sich zu einer geraden Bindung, was wiederum typisch für die langgestreckte trans-Form ist. Die trans-Form hat für viele industriell hergestellte Nahrungsmittel erhebliche Vorteile, so etwa Käse, Kekse, (süße) Backwaren, etc., da die flüssigen Fette gehärtet werden, was für ihre Präsentation und ihren wirtschaftlichen Verwendungszweck von nicht zu unterschätzendem Vorteil ist.

4 Mittlerweile werden Unternehmen, die trans-Fette anbieten, mit einer Geldstrafe belegt.

vor allem deshalb so sensibel bei diesem Thema, da Herzinfarkte die primäre Todesursache in New York waren – und die trans-Fette als Risiko hierfür schon gefunden waren.

Drei Jahre später, im Juli 2008, verbot Arnold Schwarzenegger, der damalige Gouverneur des reichsten und fortschrittlichsten Bundesstaats der USA, Kalifornien, die Verwendung von trans-Fetten bei der Zubereitung von Speisen in Restaurants (ab 2010), seit 2011 dürfen sie auch nicht mehr in Produkten enthalten sein, die im Einzelhandel angeboten werden.

Die Lösung des Problems ist offensichtlich: Die trans-Fettsäuren müssen durch ungehärtete pflanzliche Fette ersetzt werden. Experimentelle Studien haben bewiesen, dass dies bei der Herstellung von Feingebäck, Schokoladen oder Knabbergebäck machbar ist. Die empfehlenswerteste Alternative wäre Olivenöl – im Idealfall ein extra natives mit hohem Polyphenolgehalt –, da es trans-Fette überflüssig macht und eine Menge gesunder Antioxidantien beisteuern könnte. So könnte ein schädliches Lebensmittel in ein gesundes verwandelt werden.[5]

BRATEN UND FRITTIEREN MIT OLIVENÖL

In den Mittelmeerländern – allen voran in Spanien – verwendet die traditionelle Küche seit je sehr viel Olivenöl zum Braten und Frittieren. Dieses Verfahren haben übrigens jesuitische portugiesische Missionare im 16. Jahrhundert nach Japan gebracht, wo es heute als *tempura* äußerst populär ist.

Viele angesehene Ernährungswissenschaftler, wie der spanische Professor Francisco Grande Covián, Schüler von Ancel Keys, studierten schon vor Jahren die Frittiertechnik und kamen zu dem Schluss, dass Olivenöl – dank seines hohen Rauchpunkts (um die 180 °C) – anderen pflanzlichen Ölen deutlich überlegen ist. Überdies ist Olivenöl (dank seines hohen Anteils an stabilen, einfach ungesättigten Fettsäuren) widerstandsfähiger als fast alle anderen Öle gegen die Abbauprozesse, die

5 Diese Information wurde freundlicherweise von Herrn Rafael Enamorado von der Fakultät für Lebensmitteltechnik der Universidad Complutense von Madrid zur Verfügung gestellt.

bei solch hohen Temperaturen zu toxischen Verbindungen führen können.

Die Schlussfolgerungen der Experten bezüglich des Bratens oder Frittierens können wir wie folgt zusammenfassen:

- Es ist wichtig, in keinem Fall den Rauchpunkt zu erreichen.
- Es ist immer ratsam, in reichlich Öl zu braten oder zu frittieren, vorzugsweise extra nativem, da dies durch seine Antioxidantien (Polyphenole) hitzestabiler ist.
- Die Brat- oder Frittierzeit sollte moderat sein, möglichst kürzer als 20 Minuten.
- Auf keinen Fall sollte das Olivenöl zum Braten oder Frittieren wiederverwendet werden, und noch weniger sollte es für Tage oder Stunden zu diesem Zweck aufbewahrt werden – eine Praxis, die schwerwiegende Risiken für die Gesundheit birgt.
- Öle mit einem hohen Gehalt an mehrfach ungesättigten Fettsäuren (wie Sonnenblumenöl oder Nussöle) sind zum Braten ungeeignet, da sie ab etwa 130°C die gesundheitsschädlichen trans-Fettsäuren bilden.
- Frittiertes wird von Ernährungswissenschaftlern bei zeitweiligen oder permanenten Maßnahmen zur Bekämpfung von Übergewicht in der Regel vom Speiseplan gestrichen.

In jedem Fall sollte klar sein, dass Olivenöl nur dann seine gesunde Wirkung entfalten kann, wenn es kalt verwendet wird. Seine wertvollen Substanzen wie die Biophenole, das Vitamin E oder das Squalen werden während des Frittierens vollständig zerstört.

In diesem Sinne möchte ich meinen spanischen Landsleuten empfehlen, das Olivenöl lieber kalt zu verwenden – so wie es die Verbraucher z. B. in Italien oder Griechenland überwiegend schon tun.

ALTERUNGSSCHUTZ: DIE ANTIOXIDANTIEN DES EXTRA NATIVEN OLIVENÖLS

Seit den Achtzigern konzentrieren sich viele Untersuchungen auf die freien Radikalen – Substanzen, die einer Theorie zufolge unseren Körper altern lassen und (möglicherweise) verantwortlich sind für Erkrankungen wie Krebs, Alzheimer, Diabetes und Arteriosklerose.

Freie Radikale sind umgewandelte Sauerstoff-Moleküle. Nach biologischer und chemischer Sicht ist die Oxidation von Zellen gleichbedeutend mit ihrer Alterung und Schädigung. Unser Abwehrsystem verfügt jedoch über Antioxidantien (übersetzt wären dies ›Alterungshemmer‹), die als ›Radikalenfänger‹ funktionieren.

Allerdings stellen unsere gegenwärtigen Lebensbedingungen unsere Fähigkeit zur Abwehr gegen die Zell-Alterung auf eine harte Probe: Viele Situationen und Substanzen begünstigen die exzessive Produktion von freien Radikalen: Stress, Tabak, der Genuss von destilliertem, hartem Alkohol, übermäßige Sonneneinwirkung, Umweltverschmutzung.

Auch der Alterungsprozess ist ein steigender Risikofaktor: Erreicht ein Mensch das 80. Lebensjahr, sind seine Proteine zu 80 Prozent oxidiert.

Die einfach ungesättigte Fettsäure im Olivenöl, die Ölsäure (Omega-9), gilt als hervorragender Leiter für hochwirksame Antioxidantien, die Biophenole.

Die Kombination aus einfach ungesättigten Fettsäuren und Antioxidantien ist daher der Schlüssel, um die therapeutischen Effekte des extra nativen Olivenöls zu erklären. Die wichtigsten Waffen des Olivenöls im Kampf gegen die Alterungsprozesse im Körper sind Vitamin E, Polyphenole und Squalen. Das echte extra native Olivenöl enthält jeweils hohe Dosen dieser besonders aktiven Antioxidantien.

OLIVENÖL UND GESUNDHEIT

Die Auswirkungen des Verzehrs von Olivenöl auf die Gesundheit sind in den letzten vier Jahrzehnten in großem Umfang wissenschaftlich erforscht worden, viele dieser Arbeiten stützen sich dabei auf epidemiologische Studien.

Es sei darauf hingewiesen, dass ein Großteil dieser Studien (nur) von Olivenöl spricht und, bedenkt man das Angebot am Markt, man davon ausgehen muss, dass die untersuchten Konsumenten kaum ein extra natives Olivenöl hoher Qualität benutzten, geschweige denn eines mit hohem Anteil an Biophenolen.

Trotz allem lassen sich die Ergebnisse als außergewöhnlich bezeichnen.

- Herz-Kreislauf-Erkrankungen: Das Olivenöl verringert das LDL (schlechtes Cholesterin) und erhöht das HDL (gutes Cholesterin). Das Risiko einer Erkrankung in Verbindung mit schlechten Cholesterinwerten verringert sich proportional zum Verzehr.
- Krebs: Die Kombination von einfach ungesättigten Fettsäuren und Biophenolen verringert das Risiko einer Krebserkrankung (Darm-, Kolon-, Prostata-, Bauchspeicheldrüsen-, Gebärmutterschleimhaut- und Brustkrebs) signifikant.
- Alterungsprozesse, senile Demenz, kognitive Störung, Alzheimer, Osteoporose: Die vorbeugende Wirkung des nativen Olivenöls in Bezug auf den Alterungsprozess und die damit verbundenen Krankheitsbilder verdankt sich vor allem dem Gehalt an Antioxidantien.
- Arterielle Hypertonie: Der regelmäßige Verzehr von extra nativem Öl senkt deutlich den Blutdruck, sowohl systolisch (maximal) als auch diastolisch (minimal). Schlüsselbestandteil hierbei: die Biophenole.
- Diabetes: Das extra native Olivenöl ist Bestandteil einer adäquaten Ernährung für Diabetiker, sowohl für Typ 1 als auch für Typ 2.
- Adipositas: Obwohl extra natives Olivenöl pro Gramm 9 Kalorien enthält (ein relativ hoher Wert), leidet die mediterrane Bevölkerung mit erhöhtem Olivenöl-Konsum deutlich weniger an Fettleibigkeit. Darüber hinaus erhöht das Olivenöl die Attraktivität einer auf Fisch und Gemüse basierenden Ernährungsweise.
- Immunsystem: Es ist wissenschaftlich bewiesen, dass die Fettsäuren des Olivenöls unser Immunsystem gegen Bakterien und Viren stärken.
- Arthritis: Bei Personen, die wenig extra natives Olivenöl konsumieren, ist die Wahrscheinlichkeit einer Erkrankung zweieinhalb Mal höher, was im Zusammenhang mit dem Gehalt an Antioxidantien zu stehen scheint.
- Leber: Die Antioxidantien des extra nativen Öls vermindern den oxidativen Stress der Leberzellen.
- Haut: Ein extra natives Olivenöl hoher Qualität bietet, zusätzlich zu seinen Biophenolen, eine hohe Dosis von Vitamin E und anderen Vitaminen (A, D, K), die wesentlich zum Schutz der Haut beitragen.

- Depression: Das extra native Olivenöl erhöht den Gehalt an Serotonin, einem Neurotransmitter im Gehirn. Die Arbeitsweise der meisten Antidepressiva besteht darin, den Serotonin-Spiegel im Gehirn des Patienten zu erhöhen. Eine Studie an 10 000 Studenten bestätigte den positiven Einfluss der mediterranen Ernährung (einschließlich des Verzehrs von extra nativem Olivenöl) durch eine Verringerung der Fälle von Depression.

Welche Vorteile genau das Olivenöl bester Qualität für die Gesundheit bietet, wird zurzeit noch intensiv erforscht; es ist eines der spannendsten Kapitel in der Geschichte der Medizin. Schon jetzt kann ich Ihnen, wie Sie gesehen haben, eine Menge verschiedener segensreicher Wirkungsweisen aufzählen, und es werden in Zukunft wahrscheinlich noch viele folgen, wenn die Ergebnisse der begonnenen Untersuchungen vorliegen.

In jedem Fall kann anhand der aktuellen Information bestätigt werden, dass der Reichtum an Biophenolen im Olivenöl für unsere Ernährung wichtig ist. Er geht weit über den traditionellen Beitrag zur Ernährung als gesundes Fett hinaus, was in folgender Tabelle veranschaulicht ist.

Verbindungen im extra nativen Olivenöl und auf welche Krankheiten sie lindernd wirken können

	FETTSÄUREN	ANTIOXIDANTIEN		
		Biophenole	Tocopherole	Squalen
Herz-Kreislauf-Krankheiten	•	•	•	
Krebs	•	•	•	•
Krankheiten des Alterungsprozesses		•	•	
Arterielle Hypertonie		•		
Krankheiten des Immunsystems	•	•		
Krankheiten der Leber und des hepatobiliären Systems		•	•	
Hautkrankheiten		•	•	•

VOM OLIVENBAUM ZUM EXTRA NATIVEN ÖL

»Der Zeitpunkt, die Olive zu ernten, um ein sehr gutes und zartes Öl von gutem und reinem Geschmack zu machen, ist, wenn die Olive grün ist und beginnt schwarz zu werden. Und auch wenn aus den grünen nicht so viel Öl herauskommt, macht doch ihre Güte und Vollkommenheit die Einbuße wett.«
Gabriel Alonso de Herrera, *Agricultura general* (1513)

»Ein Olivenbaum ist richtig beschnitten, wenn es einer Schwalbe gelingt, ihn im Flug zu durchqueren.«
Traditionelles toskanisches Sprichwort

DER OLIVENANBAU

Der Olivenanbau ist der Zweig der Agrikultur, der sich mit dem Züchten, Pflanzen und Kultivieren der Olivenbäume beschäftigt sowie der Verarbeitung seiner Früchte, den Oliven – die für den Verzehr aus der Lake[1] oder zur Gewinnung von Olivenöl gedacht sind. Wir konzentrieren uns hier auf den zweiten Anwendungsbereich des Olivenanbaus, für den momentan drei Modelle der Bepflanzung relevant sind:

- Der *traditionelle* Olivenhain, der bisher noch den größten Teil der Produktionsfläche, einschließlich der topographisch schwierigsten Zonen, ausmacht. Er basiert auf Pflanzungen mäßiger Dichte, wird

1 Aufgrund der reichlichen Bitterstoffe in der Olive kann man die Frucht keinesfalls, wie einen Apfel, direkt vom Baum genießen. Oliven müssen in Lake eingelegt werden, damit sie vor dem Verzehr ihre extreme Bitterkeit verlieren.

per Hand beschnitten, der Ernteprozess ist jedoch in einigen mediterranen Ländern schon sehr mechanisiert. Die Pflanzdichte schwankt zwischen 20 Olivenbäumen pro Hektar, wie in einigen Halbwüstenregionen Tunesiens, bis zu 250 Bäumen pro Hektar in den produktivsten Gebieten Andalusiens. Viele traditionelle Olivenhaine bleiben über Jahrhunderte, und in manchen Fällen über Jahrtausende hinweg produktiv.

- Die *semiintensiven* Haine entsprechen Entwürfen, die moderne Techniken des Obstanbaus einschließen, wie etwa eine mittlere bis hohe Pflanzdichte (um 300–400 Bäume pro Hektar), oberirdische oder unterirdische Tropfbewässerungssysteme und eine teilweise oder komplette Mechanisierung des Baumschnitts und der Ernte. Ihr Ertrag pro Flächeneinheit liegt deutlich über dem der traditionellen Olivenhaine, während gleichzeitig die Erntekosten deutlich geringer ausfallen und damit das Olivenöl preiswerter angeboten werden kann. Dem gegenüber sind die traditionelleren, weniger produktiven Haine im Nachteil – sie müssten für einen höheren Preis entsprechend höhere Qualität bieten, um langfristig in der Konkurrenz überleben zu können.

- Die *superintensive* Bewirtschaftung wird in den letzten zehn Jahren verstärkt weltweit genutzt. Hierfür werden die Olivenbäume heckenartig in Reihen angepflanzt, den Rebspalieren im Weinbau ähnlich. Mit dieser Anbaumethode erreicht man eine Pflanzdichte von bis zu 1000 Bäumen pro Hektar. Von einem produktivistischen Ansatz her betrachtet, bietet dieses Modell deutliche Vorteile. Bis die Olivenbäume Früchte tragen, vergeht deutlich weniger Zeit. Schon nach drei Jahren – gegenüber zehn in traditionell bzw. fünf bis acht in semiintensiv bepflanzten Olivenhainen – können die Oliven geerntet werden. Des weiteren reduziert die vollständige Mechanisierung des Pflanzenschnitts und der Ernte, gekoppelt an die deutlich höheren Olivenerträge, drastisch die Produktionskosten für einen Liter Olivenöl. Daher überrascht es nicht, dass ein hoher Anteil der neuen Plantagen sowohl in den Mittelmeerländern als auch in der Neuen Welt – Kalifornien, Australien, Chile, Argentinien oder Südafrika – dieses System übernommen haben.

DIE BEWÄSSERUNG

In den meisten Regionen mediterranen Klimas reguliert und verbessert der Einsatz von Bewässerungssystemen die Olivenproduktion erheblich. Das Tropfbewässerungssystem ist dabei eindeutig am geeignetsten, weil es nicht nur den Ertrag, sondern auch die Qualität der Oliven (richtige Handhabung vorausgesetzt) verbessert. Dabei wird durch relativ begrenzte Wassergaben die Rendite pro Kubikmeter Brauchwasser im Vergleich zu vielen anderen Methoden des Bewässerungsanbaus deutlich optimiert, was den in den letzten Jahren weit verbreiteten und bevorzugten Einsatz dieses Systems der Bewässerung erklärt.

WEITERE ASPEKTE DER KULTIVIERUNG

Diese umfassen Baumschnitt, Düngung und Pflanzenschutz. Der Olivenbaum ist weniger anspruchsvoll als die meisten anderen Fruchtbäume und passt sich gut an den Bio-Anbau bzw. an nachhaltige Anbauverfahren an.

In der Tat ist die Herstellung von Bio-Olivenöl in den letzten Jahren deutlich gestiegen. Was die Qualität eines Olivenöls angeht, hängt diese freilich auch von anderen Faktoren ab – der Erntemethode, dem schnellen Transport der Oliven und, vor allem, der Art der Pressung. In jedem Fall halte ich die Entscheidung für ein rein nachhaltiges oder gar biodynamisch ausgerichtetes System – einschließlich schonender (pflugloser) Bodenbearbeitung und minimalem Einsatz von Düngemitteln, synthetischen Herbi- und Pestiziden – für sehr empfehlenswert, um extra native Olivenöle von hoher und höchster Qualität zu erzielen.

DIE ERNTE

Die Olivenernte ist der Lohn für ein Jahr Aufwand und Kraftanstrengung. Sie ist der wichtigste Arbeitsschritt des Olivenbauern. Der Reifegrad der Oliven und die Erntemethode beeinflussen entscheidend die endgültige Qualität des Öls. Ein Spitzenöl ist nur dann zu bekommen, wenn die Ernte innerhalb weniger Tage vonstattengeht. In dieser Zeit muss sich die jeweilige Olivensorte auf dem Zenit ihrer organoleptischen Fülle befinden. Und: Die Oliven müssen vollkommen unbeschädigt in kürzester Zeit die Ölmühle erreichen.

Das Öl, auf Grundlage des Zuckers in den Oliven, bildet sich vergleichsweise früh, gegen Ende des Sommers. Einmal erzeugt, gelangt es nach und nach in die Zellen der Olive, in denen es gespeichert wird.

Im Spätherbst durchlaufen die Olivenfrüchte einen enzymatischen Prozess, der in zwei nahezu gegenläufige Entwicklungen mündet: Die unreifen Oliven bilden zum Winter hin immer mehr Öl in ihren Früchten aus, zugleich sinkt im Laufe der Zeit der Anteil der Biophenole. Die Biophenole machen die Oliven bitter und scharf. Der Olivenbauer hat theoretisch die Wahl, ein recht scharfes Öl aus früh geernteten Oliven zu pressen oder ein recht mildes und süßes aus spät geernteten Früchten. Letzteres ist übrigens eine Tradition in Südfrankreich, wo die Olivenbauern die Früchte sogar etliche Tage vor der Pressung ruhen lassen, um dann daraus ein süßliches *huile des fruits mûrs* zu pressen, im Gegensatz zum schärferen *huile des fruits verts* (meist werden beide Sorten von Öl hergestellt).

Nachfolgende Tabelle verdeutlicht diesen Prozess:

Entwicklung von Oliven der Sorte *Frantoio**

Datum	Ölgehalt	Zuckergehalt (g/kg)	Biophenolgehalt (mg/kg)
01.09.2008	159,60	114,74	45146
08.09.2008	267,10	122,73	45821
19.09.2008	270,20	102,67	41511
22.09.2008	325,00	82,16	44627
29.09.2008	250,10	88,58	33978
06.10.2008	**323,40**	**97,29**	**34778**
13.10.2008	377,30	99,69	28488
20.10.2008	449,30	81,38	30280
27.10.2008	410,50	68,89	19332
03.11.2008	**478,20**	**62,06**	**27052**
10.11.2008	459,30	60,40	24464

* *Frantoio* ist die für die Herstellung von extra nativem Olivenöl in der Toskana wichtigste Sorte. Das Datenmaterial bezieht sich auf die als Forschungszentrum genutzte Azienda Agricola Torre Bianca von Marco Mugelli.

Die Tabelle zeigt, dass sich der Ölgehalt über den Betrachtungszeitraum verdreifacht hat. Zucker- und Biophenolgehalt haben sich dagegen auf fast die Hälfte verringert. Der Maximalgehalt an Biophenolen ist zwei Monate vor dem Höchstgehalt an Öl erreicht.

Wenn die Oliven reifen (also ihre dunkle, fast schwarze Farbe bekommen), lösen sie sich leichter von den Ästen und fallen schließlich überreif vom Baum. Auch ist festzuhalten, dass die Wahrscheinlichkeit von starkem Frost (mit Temperaturen unter –2 °C) zu einem späten Erntezeitpunkt deutlich höher ist.

Es ist daher unerlässlich, dass der Olivenbauer, auf Grundlage seiner Erfahrung und objektiver Parameter, wie dem Zuckergehalt der verschiedenen Olivensorten – dem Rohmaterial, aus dem der Olivenbaum sein Öl produziert – oder der Durchschnittstemperaturen, die richtige Wahl für den Erntezeitpunkt trifft. Die Temperatur muss niedriger als 10 °C sein, wenn wir die Fermentation und Oxidation der schon geernteten Oliven verlangsamen wollen. Beides würde die Oliven schädigen und das Öl daraus fehlerhaft und ranzig schmecken lassen.

Der ideale Erntezeitraum ist immer dann gegeben, wenn die Olive einen angemessen hohen Anteil (der niemals das Maximum sein wird) an Öl und Biophenolen enthält und, das versteht sich von selbst, optimal duftet und schmeckt. Dieser sehr kurze Zeitraum beschränkt sich auf 5–7 Tage und hängt von etlichen Faktoren ab: der jeweiligen Sorte, der Höhe und Ausrichtung des Hains, den Klimaverhältnissen und den geschmacklichen Eigenschaften, die dem Öl entlockt werden sollen. All diese Faktoren können von Parzelle zu Parzelle variieren, der Olivenbauer muss also die Oliven in jeder einzelnen Lage seiner Bäume kontrollieren, um ein perfektes Ernte-Timing zu erzielen.

Die Ausbeute ist bei Oliven mit perfektem Reifegrad deutlich geringer, andererseits erhalten wir so ein wunderbares, delikates Öl, das einen viel höheren Gesundheitswert hat als ein süßlich-überreifes Öl. Auch ist das Öl so viel länger haltbar.

Ebenso müssen die Oliven per Hand oder mittels mechanischer Systeme geerntet werden, um so die Unversehrtheit der Frucht zu garantieren.

SANFTE KOMMERZIELLE OLIVENÖLE?

Wer über Jahre sein Olivenöl in Discountern oder Supermärkten gekauft hat, hat den wunderbaren Duft und Geschmack eines echten extra nativen Olivenöls nie kennengelernt. Warum nicht? Über Jahrzehnte haben Olivenöle zu Niedrigstpreisen die Supermärkte überschwemmt, die Preise liegen bis heute oft unterhalb der wahren Produktionskosten für Olivenöl. Die großen, industriellen Ölanbieter, in Italien und Spanien auch ›Multinationale‹ genannt, erreichen diese Billigpreise durch zweierlei: Erstens ernten sie die Oliven für ihr Öl keineswegs in Italien, sondern in Nordafrika (Tunesien, Marokko). Zweitens erntet man, zwecks hoher Ölausbeute, die Oliven stets im fast überreifen Zustand. Um Erntekosten zu sparen, warten manche Hersteller auch, bis die Oliven von selbst vom Baum fallen, dann werden die Früchte im beschädigten Zustand zur Mühle gebracht. All dies ergibt ein Öl von leicht unangenehmem, ranzigem Duft und süßlichem Geschmack. Gegen starke Fehlnoten von Ranzigkeit oder Stichigkeit wird das Öl in Raffinieranlagen unter Vakuum leicht erhitzt – wodurch diese Fehltöne beseitigt werden und mit ihnen jegliche Oliven-Aromatik.[2]

Der wunderbare Duft von frisch gemähtem Gras, Artischocken, Salbei und Zitronenschale, der Geschmack von unreifen Tomaten und Kräutern, ein pfeffriger Nachhall – all dies bietet nur ein authentisch hergestelltes Olivenöl, das aus sorgsam verarbeiteten Oliven gepresst wurde, die zum perfekten Zeitpunkt geerntet wurden. Es versteht sich von selbst, dass ein solches handgemachtes Produkt seinen Preis hat! Deshalb ist es kaum je beim Discounter zu finden, sondern bei jenen Fachhändlern, die das Olivenöl mit Fachkenntnis und viel Liebe zum Produkt anbieten – ebenso wie ein Weinhändler seine Weine!

2 Die Erhitzung von Oliven oder Olivenöl ist für die Kategorie ›extra nativ‹ nicht zulässig; allerdings wird durch die neueste Gesetzesnovelle die Regelung weniger streng gehandhabt. Die neue EU-Verordnung 61/2011 genehmigt den Verkauf von Olivenöl unter der Gütebezeichnung ›extra nativ‹, wenn es einen Höchstgehalt an Alkylestern von 150 mg/kg aufweist. Alkylestern sind chemische Verbindungen, die sich durch Veresterung von freien Fettsäuren mit niedermolekularen Alkoholen bilden und vor allem in minderwertigen Produkten aufgrund

DIE EXTRAKTION DES ÖLS

Um Öl zu gewinnen, ist festes Material notwendig – Stein oder Stahl –, um zunächst die Oliven zu einer Paste zu zerreiben; im Anschluss muss das Wasser aus den Früchten vom Öl abgezogen werden, wobei verschiedene Verfahren angewendet werden können, zum Beispiel eine Zentrifuge.

In der jahrtausendealten Geschichte der Ölmühlen gab es drei Phasen: die traditionellen Mühlen, die industriellen Mühlen und die antioxidativen Mühlen. Diese verkörpern jeweils die Vergangenheit, die Gegenwart und die Zukunft der Olivenölherstellung.

TRADITIONELLE MÜHLEN

In den antiken Anlagen – wie in denen des Palasts von Ebla – wurden die Oliven von Hand zu einem Brei zerquetscht, wofür man Walzen aus Stein, von denen einige noch erhalten sind, verwendete. Dieses primitive System wurde durch den Einsatz großer Steine (teils zylindrisch, teils in Form eines Kegelstumpfs) verbessert, das wiederum in verschiedenen Varianten während der nächsten vier Jahrtausende weiterverwendet wurde, bevor es Mitte des 20. Jahrhunderts eine radikale Veränderung erfuhr.

Die Energiezufuhr, die für den Betrieb dieser Mühlen vonnöten war, änderte sich mit jeder Epoche und je nach Standort: Man setzte je nach Verfügbarkeit Menschen oder Lasttiere ein oder bediente sich der Wasser- oder Windkraft.

Der Prozess der mechanischen Extraktion von Olivenöl war und ist recht simpel: Reinigen und Waschen der Oliven, bei Bedarf dann Konservieren und Zwischenlagern – wenn sich die Ölmühle beispielsweise in Meeresnähe befand, benutzten die alten Römer klugerweise Salzlake, die den Oxidationsprozess reduzierte –, Mahlen mittels entsprechend großer behauener Steine und am Schluss das Trennen von Wasser und

fehlerhafter Herstellungstechniken oder schlechter Fruchtqualität anzutreffen sind. Mit der Einführung eines Grenzwertes von 150 mg/kg öffnet die Verordnung jetzt den europäischen Markt für Ölmischungen zweifelhafter Qualität. Zum Vergleich: Ein Öl aus unversehrten Oliven, die gleich nach der Ernte gepresst werden, enthält maximal 10 bis 15 mg/kg, im Ausnahmefall bis zu 30 mg/kg Alkylester. Es dürfen also nun prozentual mehr raffinierte Öle dem nativen zugesetzt und trotzdem als ›extra nativ‹ verkauft werden. Ein weiterer Schritt der EU gegen den Verbraucherschutz und für den Schutz der Ölindustrie.

Öl mit Behältern aus Stein oder Keramik, in denen das Öl aufgrund seiner niedrigeren Dichte obenauf schwimmt.

Im Laufe der Jahrhunderte und Jahrtausende wurde dieser Prozess schrittweise verbessert, wie sich aus der folgenden Sammlung von kommentierten Grafiken ersehen lässt.

SYSTEME ZUR GEWINNUNG VON OLIVENÖL IN DER ANTIKE

Auf Torsion basierendes System

Pressung mittels Stampfer

Pressung mit den Füßen

Pressung mittels Walzen

DIE ÖLPRESSEN IN DER ANTIKE

Hebelpresse

Verkeilpresse

Hebelpresse mit Winde

Schraubenpresse

VERSCHIEDENE ÖLMÜHLEN IN DER ANTIKE

Mühle mit konzentrisch kreisenden Steinen

Mola olearia (Ölmühle)

Trapetum

Ölmühle mit zylindrischem Mahlstein

SCHEMATA UND KOMPONENTEN DER STEINMÜHLE, BALKENPRESSE UND DER TURMPRESSE

Mühle mit konischem Mahlstein

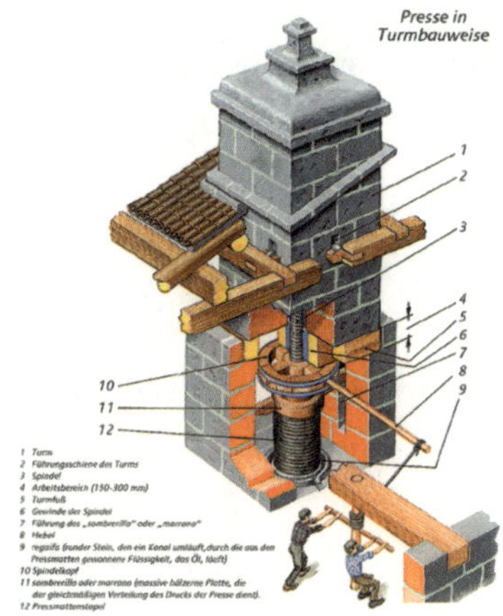

Presse in Turmbauweise

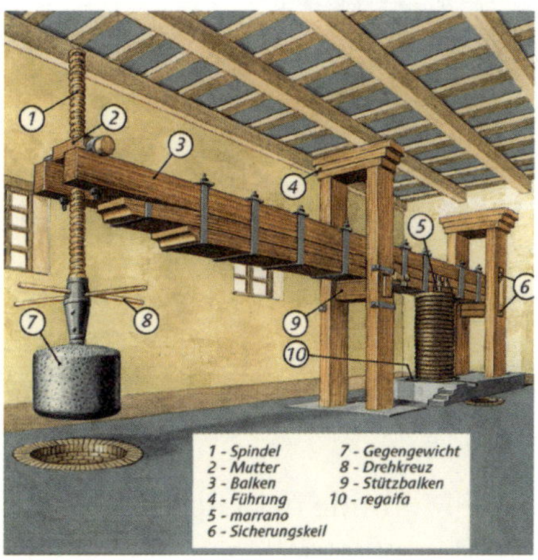

Balkenpresse

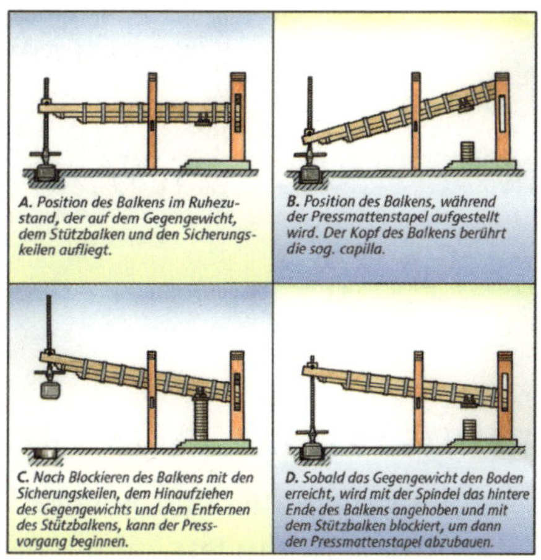

Arbeitsablauf der Balkenpresse

Mit Wasserkraft betriebene Ölmühle

Stich einer Ölmühle mit Balkenpresse

Durch ein Zugtier angetriebene Ölmühle

INDUSTRIELLE ÖLMÜHLEN

Die industrielle Revolution veränderte die Methode der Ölpressung. Im frühen 19. Jahrhundert kamen die ersten dampfbetriebenen bzw. später dann elektrischen Ölmühlen auf. Hier wurde zunächst das traditionelle System aufrechterhalten – das Mahlen zwischen Steinen, das Pressen der Paste zwischen runden Matten (*capachos*) aus Espartogras und das Dekantieren, welches in gefliesten Behältern erfolgte. Nur die traditionellen Energiequellen wurden durch neue ersetzt: Wasserdampf oder Elektrizität.

Der traditionelle Mahlvorgang mit Steinen war ein langsamer und stets unterbrochener Prozess, der sich nur schlecht für einen kontinuierlichen Produktionsablauf eignete, der heute das charakteristische Merkmal jedweden industriellen Prozesses ist. Mitte des 20. Jahrhunderts entwickelte sich in der Toskana ein technischer Fortschritt, der den Ölgewinnungsprozess erneuerte: der Dekanter (dessen Name vom traditionellen Abtrennen des Öls vom Wasser mittels Schwerkraft stammt) trennt Öl und Wasser durch Zentrifugation – ein dynamischer Prozess, der sehr viel schneller funktioniert als die Trennung von Öl und Wasser durch Schwerkraft.

Später perfektionierten das schwedische Unternehmen Alfa Laval, eigentlich Hersteller von Schiffsmotoren, sowie die italienische Firma Pieralisi das neue System. Die Mühlen wurden durch industrielle Modelle mit Hämmern ersetzt, die zudem mit Mischern ausgerüstet waren, die die Oliven homogenisierten. Die Ölmühlen der zweiten Hälfte des 20. Jahrhunderts brechen zum ersten Mal das viertausendjährige Schema der Olivenölextraktion auf. Heute dominieren sie weltweit das Geschehen in diesem Bereich.

Die Phasen, die derzeit den Extraktionsprozess in jeder industriellen Ölmühle ausmachen, sind: das Reinigen der Oliven, das Mahlen und Mischen, die Zentrifugation, das Filtrieren und die Lagerung.

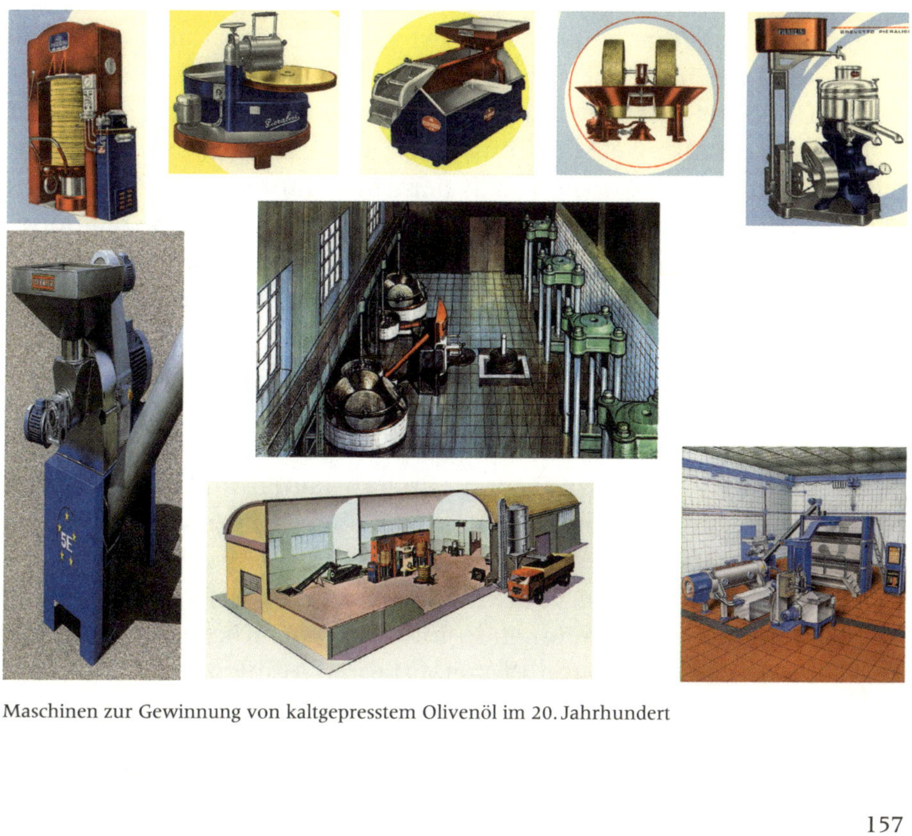

Maschinen zur Gewinnung von kaltgepresstem Olivenöl im 20. Jahrhundert

DIE ANTIOXIDATIVE MÜHLE: AUF DEM WEG ZU NEUEN UFERN

Wie im Vorherigen beschrieben, haben zwei verschiedene Technologien das Feld der Olivenölproduktion während der letzen 5000 Jahre bestimmt, eine davon über viele Jahrhunderte, die andere Jahrzehnte.

Das Problem der industriellen Extraktion ist ihre Technik, die – ähnlich wie beim superintensiven Olivenanbau – hauptsächlich auf produktivistischen Kriterien fußt. Tatsächlich konzentriert sich der überwiegende Teil der Forschung im 20. Jahrhundert auf die Ertragssteigerung – wie lassen sich mehr Tonnen Oliven pro bepflanzter Fläche ernten, bzw. in der Ölmühle mehr Öl pro Tonne Oliven pressen?

Als ich während der letzten Jahre des vergangenen Jahrhunderts Informationen sammelte, um mit der Herstellung von extra nativem *pago*-Öl hoher Qualität zu beginnen, überraschten mich einige Entdeckungen. Anlässlich eines Besuchs auf einer dem experimentellen Olivenanbau gewidmeten *finca* in Córdoba, in der Forschungen zu verschiedenen Sorten und Kultivierungstechniken durchgeführt werden, die freilich das Ziel haben, die Quantität der Olivenproduktion zu steigern, bekam ich vom damaligen Direktor eine für mich überraschende Antwort auf die Frage nach der qualitativen Bewertung des dort produzierten Öls. Denn er zuckte nur mit den Schultern und meinte: »Das fällt nicht in mein Ressort.« Auch musste ich feststellen, dass viele einflussreiche Gastro-Kritiker noch in den neunziger Jahren das Olivenöl aus der Toskana aus dem Grund empfahlen, weil man dort an traditionellen Verfahren, wie etwa den Steinmühlen, festhalte. Oder die Erkenntnis, dass die wichtigsten italienischen Unternehmen, die den Vertrieb von Olivenöl auf dem Weltmarkt dominieren, für Öle mit niedrigerem Preis häufig nur Öl aus Genossenschaftsmühlen in Spanien, Griechenland und anderen Mittelmeerländern kaufen.

Und trotzdem: Sowohl die Erzeugerverbände als auch die staatlichen Gremien in den ölproduzierenden Ländern hatten und haben ein Interesse daran, die Technologie der Ölherstellung zu verbessern und die Qualitätsmaßstäbe mehr und mehr nach oben zu schrauben. Die bahnbrechenden Erkenntnisse von Ernährungswissenschaftlern wie Ancel Keys, aber auch das zunehmende Interesse von Köchen und Gastro-Kritikern am Olivenöl waren Wasser auf ihren Mühlen.

Recht interessant ist es, die Entwicklung der letzten vier Jahrzehnte beim Wein und beim Olivenöl zu vergleichen – beides Lebensmittel, die von den Forschungen zur mediterranen Diät profitiert haben.

Der Wein hatte sozusagen das ›Glück‹, dass die Universität von Kalifornien – genauer gesagt der Campus in Davis – begann, beträchtliche finanzielle Mittel zu seiner Erforschung aufzuwenden. Schließlich spielt Wein eine große Rolle in der kalifornischen Lebensmittel-Industrie. Maynard Amerine, verantwortlich für Weinbau und Önologie, leitete und koordinierte die Forschungen. Schnell folgten ihm die Universität von Adelaide (Australien) und andere Institute der Neuen Welt auf diesem Weg.

Eines der wichtigsten Forschungsvorhaben, das die kalifornischen und australischen Wissenschaftler vorantrieben, war das Studium der Oxidationsprozesse und die Möglichkeit, sie zu verhindern. Die berühmtesten und begehrtesten Rot- und Weißweine der Welt stammen ja aus vergleichsweise kühlen Zonen in Nordeuropa – aus den Bordelais, aus Burgund, der Champagne und den Rheintälern, in denen das Risiko der Oxidation deutlich niedriger liegt als in den mediterranen Regionen. Die Gefahr des Qualitätsverlustes durch Oxidation (im Extremfall wäre das die Essig-Bildung) steigt in der Tat sprunghaft mit jedem zusätzlichen Temperaturgrad in Behältern, Fässern und Zuleitungssystemen bei Most und Wein.

Die technische Lösung war offensichtlich: eine systematische Temperaturkontrolle in jeder Phase des Prozesses. Zusätzlich half es, den Sauerstoff, da, wo es möglich war, zu beseitigen, entweder durch Gase (wie Stickstoff) oder, im Wein selbst, durch Hilfsmittel wie Ascorbinsäure (Vitamin C).

Die antioxidative Theorie, deren ursprüngliches Ziel es eigentlich nur war, die geschmackliche Qualität des Weins zu verbessern, wurde durch die Entdeckung der freien Radikalen sowie der Polyphenole im Rotwein noch weiter gestärkt. Die Tatsache, dass diese organischen Verbindungen von führenden Universitäten und Forschungszentren zu den Stars einer hedonistisch-gesunden Ernährungsweise erkoren wurden[3], pro-

3 Neben der mediterranen Diät sei auch an das »französische Paradox« erinnert. Die Universität Bordeaux belegte, dass Rotwein eine gesunde Wirkung auf Herz und Kreislauf hat. Das Paradox liegt darin, dass die Franzosen trotz erhöhtem Alkoholkonsum länger leben als die Amerikaner.

vozierte in den achtziger und neunziger Jahren ein Erdbeben am internationalen Weinmarkt. Die Nachfrage nach Rotwein – aufgrund einer längeren Mazeration der Traubenschalen zwanzigmal reicher an Polyphenolen als Weißwein – explodierte. Das Wachstum des Weinmarkts hält an, gerade in Ländern, die bis vor ein, zwei Jahrzehnten Weinkonsum kaum kannten.

Vor diesem Hintergrund gelangten die parallel dazu durchgeführten Untersuchungen, die sich auf das Verhältnis Olivenöl und Gesundheit konzentrierten, zu ganz ähnlichen Ergebnissen – und läuteten die große Zukunftschance für das Olivenöl ein. Während einiger Jahre sah man die diätetischen Vorteile des Olivenöls ausschließlich in seiner Eigenschaft als gesundes Nahrungsfett – aufgrund seines hohen Anteils an einfach ungesättigten Fettsäuren, die gut für Herz und Arterien sind. Später gerieten andere, immer bedrohlicher zunehmende Krankheiten in den Fokus der Forscher: Krebs, Diabetes, Altersdemenz oder Alzheimer. Wissenschaftler begannen, die Auswirkungen der Umweltverschmutzung oder des Tabaks auf den Organismus zu untersuchen. Der Kampf gegen die freien Radikalen gewann zunehmend an Bedeutung und wurde unter Wissenschaftlern, Medizinern und Einwohnern aus finanzstarken und wirtschaftlich fortschrittlichen Ländern zu einer Angelegenheit mit hoher Priorität.

DIE EXTRAKTION DES EXTRA NATIVEN OLIVENÖLS

Nachdem die fundamentale Bedeutung der Antioxidantien im Olivenöl hinreichend bewiesen war, stellte sich die Frage, ob sich ihr Gehalt nicht durch entsprechende Extraktionstechniken verbessern ließe.

1998 begann Marco Mugelli – der zu diesem Zeitpunkt seit etwa zehn Jahren die Qualität des Olivenöls und die Technik der Ölpressung erforscht hatte – seine Zusammenarbeit mit der toskanischen Handelskammer, ab 2002 zusätzlich unterstützt durch die Universität Florenz. Dies erlaubte ihm, verschiedene Techniken zur qualitativen Verbesserung des Olivenöls auszuprobieren, mit besonderem Schwerpunkt auf der Verringerung der Oxidation. Mugelli erprobte dies in seiner kleinen experimentellen Mühle auf seinem Gut Torre Bianca im toskanischen Chiesanuova.

Ich begann ab 2000 mit Mugelli zusammenzuarbeiten. Diese Zusam-

Entwicklung des Gehalts von Biophenolen und Tocopherolen des extra natives Olivenöls *Marqués de Griñón Oleum Artis Picual* (2001–2010)

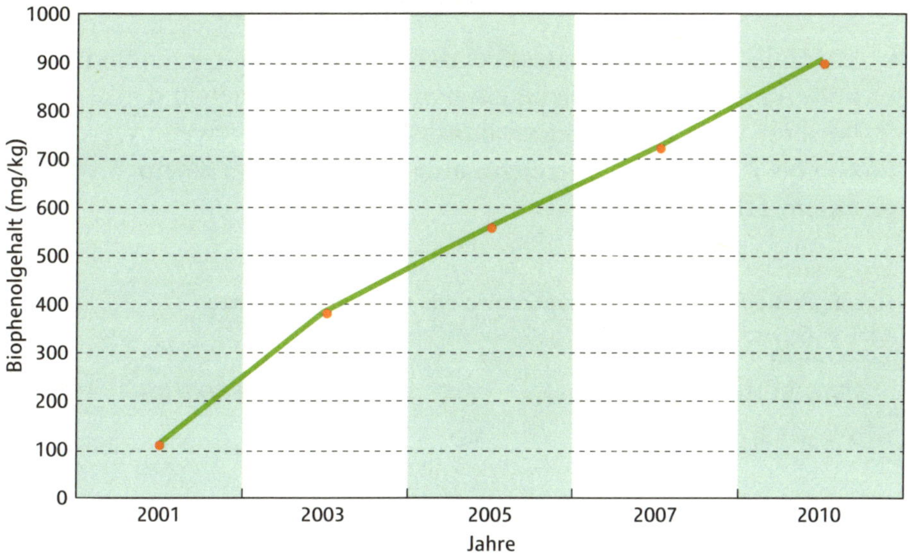

menarbeit führte im Jahr 2002 zur Konzeption und zum Bau der ersten kommerziellen Ölmühle auf Basis antioxidativer Technologie auf der *finca* Capilla de Fraile, mitten im historischen Dominio de Valdepusa (Toledo). Einige der wichtigsten Erkenntnisse unserer seither durchgeführten Forschungen sind folgende:

- Nur ein winziger Teil der reichlich in den Oliven enthaltenen Antioxidantien (Biophenole) überlebt heutzutage den Prozess der Extraktion – ganz gleich, ob dieser traditionell oder industriell unternommen wird. Der Rest endet im Pressrückstand, dem Trester, oder wird durch Enzyme oder oxidative Mechanismen zerstört.

- Der Extraktionsprozess wurde schrittweise über den ganzen Forschungszeitraum hinweg verbessert, stets mit dem Ziel, die Oxidation in den verschiedenen Stadien (Mahlvorgang, Mischen, Dekantierung und Lagerung) zu reduzieren. Dieses Ziel wurde erreicht. Als Referenz-Olive wählten wir die Sorte *Picual,* die in Spanien am häufigsten vorkommt. Wir konnten bei der *Picual* den Biophenolgehalt in unseren Ölen von einem Anfangswert um die

100–200 mg/l in den Neunzigern auf ein aktuelles Niveau zwischen 600 und 1000 mg/l steigern.

❧ Ebenfalls erfreulich ist, dass bei den extra nativen Olivenölen höherer Qualität im Allgemeinen der Biophenolgehalt dank besserer Verfahren und Extraktionssysteme mittlerweile Werte von bis zu 300 mg/kg erreicht, also zweimal höher als noch vor einem Jahrzehnt.

Gehalt an Biophenolen und Tocopherolen einiger spanischer extra nativer Olivenöle (Ernte 2010)*

SPANISCHE EV OLIVENÖLE	GEHALT IN MG/KG			
	Biophenole	Tocopherole	Gesamt	Squalen
MG Olevm Artis (Picual)	572	330	902	6777
La Chinata (Manzanilla cacereña)	479	339	818	5202
Fuenroble (Picual)	431	310	741	8759
MG Olevm Artis (Arbequina)	413	255	668	2913
Eroski (Hojiblanca)	331	254	585	7322
Carbonell Sel. Maestra**	289	229	518	4789
Borges (Arbequina)	297	219	516	5989
Marqués de Valdueza**	168	346	514	4985
La Boella Premium (Arbequina)	310	194	504	5741
Coosur (Picual)	354	144	498	5907
Castillo de Tabernas (Picual)	166	297	463	7361
Eroski**	188	265	453	7341
Abbae Queiles (Arbequina)	191	245	436	3558
Durchschnitt	322,23	263,62	585,85	5895,69

* Laboratorio Chimico Merceologico
** Assemblage mehrerer Olivensorten

- Die extra nativen Öle mit solch hohem Biophenolgehalt sind sowohl in diätetischer Hinsicht als auch in puncto Haltbarkeit anderen Ölen weit überlegen, da die im Öl enthaltenen Antioxidantien nicht nur den Verbraucher vor Krankheiten schützen, sondern das Öl selbst vor Oxidationsprozessen.

- Ebenfalls wichtig: Die extra nativen Öle haben mit einem hohen Gehalt an Antioxidantien das größte Aromenspektrum in Duft und Geschmack zu bieten – sehr frisch-pfeffrige Noten am Gaumen und markige, angenehme Bitternoten – was sie gerade den phenolischen Verbindungen verdanken. Dies wurde bei den wichtigen jährlichen Verkostungen wie Marco Oreggias ›Flos‹ oder die der Zeitschriften *Merum* und *Feinschmecker* bewiesen. Bei den Blindverkostungen schnitten die Olivenöle hervorragend ab, die entweder aus Mugellis experimentellem *frantoio* stammten – oder von Ölmühlen, die er beraten hatte.

Die folgende Tabelle zeigt, dass Öle mit hohem Biophenol-Gehalt auch von professionellen Verkostern entsprechend hoch bewertet werden.

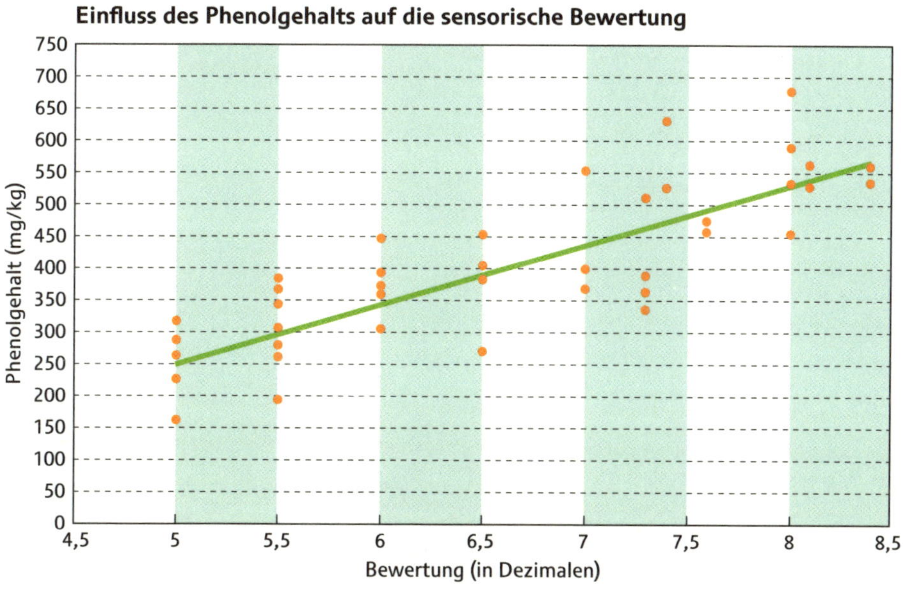

Quelle: Die Daten beziehen sich auf die Erntesaison 2009/2010 und wurden vom Laboratorio Chimico Merceologico der Handelskammer von Florenz zur Verfügung gestellt.

Das Florentiner Laboratorio Chimico Merceologico hat die sensorischen Beurteilungen während der Erntesaison von 2009/2010 für extra native Olivenöle verglichen. Das Ergebnis zeigt, dass das extra native Öl in jeder Hinsicht überlegen ist.

Es lässt sich jetzt schon erahnen, dass, wenn erst einmal die durch langjährige Forschung gewonnenen Erkenntnisse und technologischen Fortschritte bei den Großen der Branche auf fruchtbaren Boden fallen, die Qualität des extra nativen Olivenöls enorm steigen wird. Das bedeutet: eine noch höhere organoleptische Qualität, ein noch höherer Gehalt an Antioxidantien, eine dadurch bedingte verlängerte Haltbarkeit – wenn uns das gelingt, werden wir ganz neue Erkenntnisse gewinnen im Rahmen dessen, was wir bereits über die Vorzüge der mediterranen Diät wissen. Dies wird, wie alle bahnbrechenden technologischen Veränderungen, große Investitionen in neue Systeme nach sich ziehen – Investitionen in die Zukunft.

EIN KULINARISCHER GENUSS

Die Produkte, die wir konsumieren, vor allem die Lebensmittel, sind in den letzten Jahrzehnten von einfachen Rohstoffen zu Markenprodukten geworden. Trotzdem sind sie etwa im Supermarktregal meist beliebig austauschbar, ohne dass unsere Vorlieben und Ernährungsgewohnheiten sich umgewöhnen müssten.

Andererseits: Schreiben wir einem Lebensmittel oder Getränk eine besonders hohe Qualität zu, und erobert es dann besondere Vertriebskanäle wie etwa Gourmet- und Delikatessengeschäfte, sind wir bereit, es als Luxusprodukt anzusehen und einen entsprechend höheren Preis dafür zu bezahlen. Eines vorausgesetzt: Herkunft, Herstellungsverfahren und Marke müssen wir möglichst genau kennen.

Ab dem 18. Jahrhundert begann sich zum Beispiel bei Wein das obere Segment des Marktes deutlich zu differenzieren und erreichte bald Sphären, die in qualitativer und preislicher Hinsicht den heute von Experten so bezeichneten Bereichen *premium, superpremium* und *icon* entsprechen. Die ersten Weinbauregionen und Weintypen, die diesen privilegierten Status erlangten, waren das Médoc (Bordeaux), Burgund, Jerez (Sherry) und Oporto (Portwein). Tatsächlich nimmt der Konsum von *premium*-Weinen stärker zu als der aller anderen Kategorien am internationalen Markt.

Was macht aber den Unterschied aus zwischen einem schlichten Wein und einem, sagen wir, *Château Margaux,* der einen hundertfachen Preis pro Liter kostet (und dennoch gekauft wird)? Seine Qualität natürlich – sein geschmackliches Niveau, das überdies von einem glaubwürdigen Meinungsführer, also zum Beispiel einem renommierten Fachjournalisten, anerkannt und gepriesen wird. Hier spielen visuelle Aspekte – Farbe, Klarheit, Perlage (im Falle der Champagner) – oder die geschmackliche Intensität – Vielfalt der Aromen, Mineralität, Körper, Harmonie – eine Rolle.

Im Zeitalter der globalen Kommunikation wie Internet, Smartphones, *Facebook* und *Twitter* wächst der Einfluss nordamerikanischer Meinungsführer wie des berühmten Kritikers Robert Parker in seinem *The Wine Advocate* oder der Zeitschrift *The Wine Spectator* unaufhaltsam.

Und beim Olivenöl? Das einzige Produkt, das es zweifelsohne wirklich verdient, in diesen Kreis der *premium*-Produkte aufgenommen zu werden, ist das *olio extra vergine.* Die europäische Gesetzgebung erkennt in der Tat diese grundlegende Einordnung des extra nativen Öls als kulinarisches Produkt an. Sie schlägt vor, dass von Herstellerseite auf freiwilliger Basis, neben der chemischen Analyse, einer professionellen Verkostung seitens eines Teams offiziell anerkannter Experten zugestimmt wird.

Allerdings scheint der Weltmarkt – der realistischste und effektivste Gradmesser hinsichtlich der Einstellung der Verbraucher – nicht allzu sehr an das extra native Olivenöl zu glauben, da man ohnehin nicht bereit ist, dafür deutlich mehr Geld auszugeben als für raffiniertes Olivenöl. Der Mengenpreis des extra nativen lag sogar schon punktuell unter dem des raffinierten Öls – eine verkehrte Welt also!

Angesichts dieser Situation hat der anspruchsvolle Verbraucher zwei sich ergänzende Optionen:

- Er stützt sich auf einen glaubwürdigen Meinungsführer. Dies können ein professionelles Verkostungspanel[1] sein, ein anerkannter Gastro-Kritiker, Fachzeitschriften oder die Beratung durch Fachleute in Delikatessengeschäften. Er folgt dann einfach ihrem Rat und Urteil.

- Er verlangt stärkeren Verbraucherschutz. Von den Lebensmittelbehörden verlangt er, neue gesetzliche Richtlinien zu verabschieden, um die Ölhersteller dazu zu verpflichten, zusätzliche Analysewerte wie etwa den Gehalt an Antioxidantien aufzu-

1 Ein Panel ist hier eine Gruppe von Experten, also professionellen Verkostern.

führen und ihr Produkt von offiziell anerkannten Experten verkosten zu lassen.[2]

DIE VERKOSTUNG VON EXTRA NATIVEM OLIVENÖL

Olivenöl kann und soll im Prinzip wie Wein verkostet werden: visuell, durch die Nase und mit dem Gaumen.

Zuerst sollte ein passendes Glas für die Verkostung ausgewählt werden. Die offiziellen Richtlinien, einschließlich der des IOC, empfehlen für die erste Phase der Verkostung ein kobaltblaugefärbtes Glas, damit sich die Farbe des Öls nicht erkennen lässt. Der Grund hierfür: Die Farbe eines Olivenöls – ob gelblich, hell- oder dunkelgrün, klar oder trüb – spielt offiziell für die Beurteilung seiner Qualität keine Rolle. Andererseits wollen die Konsumenten natürlich sehen, was sie da im Glas probieren. Um ein Olivenöl einschätzen zu können, halte ich persönlich es für ratsam, seine Farbe genau anzuschauen.

Wir haben ja eigentlich gelernt, Flüssigkeiten auch optisch zu beurteilen: Glanz, Transparenz, intensive und klar definierte Farben sind fast immer Hinweise auf Nahrungsmittel oder Getränke von hoher organoleptischer Qualität. Ein gutes Beispiel hierfür ist die Bedeutung, die wir aus gutem Grund (und, aller Wahrscheinlichkeit nach, seit den Anfängen der Spezies Mensch) dem visuellen Eindruck von Früchten, Gemüsen, Fleisch oder Fisch beimessen, bevor wir sie verzehren. Folglich sollten wir nicht vergessen, dass sowohl der Wein wie auch das Öl von Früchten stammen, deren Aussehen und Farbe uns ziemlich wichtig wären, wenn wir sie frisch verzehren wollten.

Das ideale Glas für die Verkostung von Olivenöl ist aus meiner Sicht vergleichsweise klein, von hoher Qualität – aus dünnwandigem Glas oder Kristall – , vollständig transparent und farblos und mit konvexem Kelch, um die Aromen zu bündeln. Das Verkostungsglas für Sherry, ehemals für die Verkostung sämtlicher Weine empfohlen (heute rät man zu deutlich größer dimensionierten Gläsern), ist für Öl sehr gut geeignet, ebenso wie einige speziell für Destillate entworfene Gläser.[3]

2 Siehe hierzu das Manifest zum Olivenöl, das die Zeitschriften *Merum* und *Der Feinschmecker* gemeinsam verfasst haben, zu finden unter www.olivenoeltest.de.

3 2005 lud ich gemeinsam mit dem spanischen Verband der *Grandes Pagos del Olivar*

Die Verkostung mit einem Sherryglas

Das zur Verkostung stehende Öl sollte eine Temperatur zwischen 27 und 29 °C haben – ganz im Gegensatz also zur Weinverkostung, wo wir den Wein je nach Typ, Farbe und Süße auf 10 bis 17 °C herunterkühlen. Öl muss mit den Händen angewärmt werden, um die oft verborgenen Aromen herauszulocken und sich entfalten zu lassen.

meinen bewunderten Freund Georg Riedel, Präsident des berühmten gleichnamigen österreichischen Glasherstellers, der die Welt mit seinen Weingläsern revolutionierte, zu einem Verkostungsworkshop ein – mit dem Ziel, die geeignetsten Gläser für die Verkostung von extra nativem Olivenöl zu ermitteln –, an dem eine ausgewählte Gruppe spanischer und italienischer Verkoster teilnahm. Einige für Destillate entworfene Riedel-Gläser erwiesen sich für die Verkostung der extra nativen Öle als sehr tauglich.

Die visuelle Phase

Wir achten zuerst auf die Reinheit und Transparenz des Öls. Wenn es trübe erscheint, ist es nicht filtriert, sondern naturtrüb. Diese Öle sind auf dem Markt beliebt, da sie als naturbelassen gelten. Das Problem ist allerdings, dass die Trübstoffe von dem in den Oliven enthaltenen vegetabilen Wasser herrühren, und dieses Wasser ist zugleich ein wirksamer Katalysator für die Oxidation der Oliven und somit ein Faktor ihrer Instabilität. Ich empfehle daher, das Olivenöl direkt nach dem Pressen zu filtern, um die nachteiligen Trübstoffe loszuwerden.

Im Anschluss betrachten wir die Farbe, die von Bräunlich-Gelb – einem untrüglichen Zeichen für ein oxidiertes oder ranziges Öl – bis Hellgelb – bei Ölen aus reifen Oliven – variieren kann. Die Farbpalette ist nur dann komplett, wenn in kleinerem oder größerem Umfang auch das Grün vorhanden ist, welches das Vorhandensein von Chlorophyll in den zur *véraison* geernteten Oliven offenbart. Dieses Grün kann in allen Schattierungen von hellem Grüngelb bis zu intensivem Dunkelgrün vorkommen und ist eine wichtige Eigenschaft echter[4] extra nativer Öle.

Die olfaktorische Phase

Wir kippen nun das Glas in unserer Hand, bis es sich beinahe in der Horizontalen befindet, und drehen es dann so, dass das Öl an den Wänden des Glases einen Film bildet. Wenn wir das Glas nun wieder in die Vertikale heben, ist der Moment gekommen, es an unsere Nase zu führen, denn diese dünne Schicht Öl, die das Innere des Verkostungsglases bedeckt, bietet uns jetzt die größte Vielfalt an Aromen.

Das Erste, was wir wahrnehmen sollten, ist die Intensität der natürlichen Aromen des Öls, alle pflanzlichen Ursprungs, eine essenzielle Eigenschaft großer extra nativer Öle: frisch geschnittenes Gras, unreife oder reife Tomaten, unreife oder reife Bananen, Äpfel, Zitrusschale. Dazu Gemüse wie Artischocken, Salat oder Spinatblätter. Anschließend nehmen wir noch andere, subtilere Düfte wahr – Blumen, Kräuter, Gewürze – die dem aromatischen Erscheinungsbild noch mehr Komplexität verleihen. Der Duft ist zweifellos der Schlüssel zur Verkostung. Unsere Nase ist ein sehr viel anspruchsvolleres, sehr viel besser differen-

4 Einige Hersteller fügen ihren qualitativ niedrigen oder minderwertigen Ölen Chlorophyll zu, um dieses Farbspektrum zu erlangen. Daher ist das mehr oder weniger intensive Grün bei extra nativen Ölen eine notwendige, aber keine ausreichende Bedingung.

zierendes Sinnesorgan als die Geschmacksknospen auf unserer Zunge, die gerade einmal fünf verschiedene Geschmacksqualitäten wahrnehmen können: süß, sauer, salzig, bitter und *umami*, den von Japanern entdeckten Geschmackssinn für Wohlgeschmack[5].

Daher widmen wir der olfaktorischen Phase während der Verkostung die längste Zeit, da sie uns enthüllt, ob wir es mit einem großen, extra nativen Öl zu tun haben, oder – wesentlich häufiger – keinem wirklichen *extra vergine*, sondern einem fehlerhaften, ausdruckslosen Öl.

Die häufigsten Mängel eines Öls lassen sich auf vier Ursachen zurückführen:

- Oliven, die nicht zum idealen Zeitpunkt geerntet wurden, sondern zu früh oder zu spät
- beschädigte Oliven, die zum Beispiel bereits zu Boden gefallen sind oder falsch und unachtsam oder auch zu lange vor dem Pressen gelagert wurden, wodurch sie zu gären begonnen haben[6]
- qualitative Mängel der Olive[7]
- oxidative Prozesse, die in jedem Moment des Extraktionsprozesses ihren Ursprung haben können: Ernte und Transport zur Mühle, Mahlvorgang, Mischen, Extraktion, Lagerung, Abfüllung, Handelswege

Die Oxidation hängt, wie wir gesehen haben, eng mit der Zerstörung des Reichtums an Polyphenolen zusammen – und folglich mit der Zerstörung ihrer antioxidativen Wirkung, die, bevor sie nach dem Verzehr unserer Gesundheit zugutekommt, erst einmal das Öl selbst schützt.

5 Mit den *umami*-Knospen kann Glutamat erschmeckt werden.

6 Der Begriff, den professionelle Verkoster in diesem Fall verwenden ist *atrojado* – muffig bis moderig –, was sich von *troje* – Getreide- oder Kornkammer – herleitet.

7 Das schließt Befall durch Schädlinge wie die Olivenfliege (*Bactrocera* oder *Dacus Oleae*) ein, Trockenheit oder übermäßige Bewässerung während der Entstehung der Biophenole, was normalerweise in der heißesten Periode (Juli und August auf der Nordhalbkugel) geschieht.

Die gustative Phase
Anders als beim Wein nehmen wir zur Verkostung von Olivenöl nur eine kleine Menge in den Mund (etwa 10 ml, das entspricht einem halben Fingerhut). Ein größerer Schluck würde den Gaumen und Rachen reizen, besonders bei den sehr guten Olivenölen, die viel intensiver und kräftiger sind als die vielen blassen Kopien. In jedem Fall sollte man sich keine Sorgen machen, wenn Schärfe im Rachen zu spüren ist und man husten muss – denn dann hat man gerade ein großes *extra vergine* probiert! [8]

Einmal einen Schluck in den Mund genommen, verteilen wir das Öl mit der Zunge über den gesamten Mundraum und ziehen dabei Luft ein, um auf diese Weise, retronasal, erneut seine Aromen zu prüfen. Unser Mund- und Rachenraum ist mit dem Nasengang verbunden, so dass die Wahrnehmung vieler Aromen beim Schlucken über diesen retronasalen Weg stattfindet.

Zuerst wird uns der mehr oder weniger süßliche, adstringierende oder bittere Geschmack des Öls auffallen, was uns den Reifegrad der verwendeten Oliven anzeigt.

Danach führen wir das Öl im Mund über die Seiten und an den hinteren Teil der Zunge und ziehen weiter Luft ein, damit sich eine Emulsion bildet – sie ermöglicht es uns, das Öl mit allen Geschmacksknospen auf der Zunge wahrzunehmen: Fruchtigkeit (Aromen, die an Tomaten, Äpfel, Zitronen oder Artischocken erinnern), Adstringenz, Bitterkeit und hinten, im Rachenraum, eine sanft crescendierende Schärfe. All dies sind positive Attribute und sollten harmonisch ausbalanciert wahrgenommen werden.

Wir nehmen im Mund auch die Textur des extra nativen Öls wahr – seine Konsistenz und sein Mundgefühl wie Weichheit, Samtigkeit, Cremigkeit, Volumen (das Öl füllt unseren Mund mehr oder weniger) – oder, negativ: Herbheit, Strohigkeit, Fettigkeit (das Gefühl im Mund, zugeklebt zu werden), karge Strenge (keinerlei aromatische Bandbreite). Nach etwa zehn Sekunden stellt sich eine gewisse, mindestens leichte Schärfe ein. Falls nicht: Achtung! Wir haben dann ein Öl im Endstadi-

8 Der Charakter eines Olivenöls hängt außerdem stark von den verwendeten Olivensorten ab. Die italienische Olivensorte *Coratina*, in Apulien beheimatet, ergibt zum Beispiel ein sehr scharfes, an Chili erinnerndes Olivenöl. Die Olivensorten der Toskana, wie *Frantoio*, *Leccino* und *Moraiolo*, hinterlassen im Öl einen angenehmen, aber markanten Bitterton.

um vor uns: Seine Biophenole sind kaum noch vorhanden und können das Öl nicht mehr vor Oxidation schützen.

Im Gegensatz dazu lassen uns die Biophenole das Öl als angenehm scharf empfinden. Die Schärfe darf jedoch niemals die anderen Aromen überdecken – so wie auch ein Koch eine intelligent gewürzte Speise stets in Balance hält (ein gutes Öl kann übrigens bei Tisch immer als Gewürz eingesetzt werden). Falls wir jedoch die Schärfe als zu dominant oder aggressiv empfinden, liegt das an Oliven, die zu früh geerntet wurden.

Wenn Sie in einem Olivenöl ein Füllhorn der fruchtigen Aromen entdecken, dazu eine gewisse Frische und Schärfe (die an gerade eben aufgeschnittene Lauchzwiebeln erinnert) sowohl in der Nase als auch am Gaumen, und wenn der feine Geschmack lange Zeit nach dem Hinunterschlucken noch vorhält wie bei einem großen Wein – dann haben Sie ein großartiges Olivenöl probiert!

SIND DIE TEUREN ÖLE NICHT ZU BITTER UND SCHARF?

Obwohl die Werbung häufig mild schmeckende Olivenöle anpreist – etwas, das wir normalerweise als positive Eigenschaft bewerten würden – neigen echte extra native Öle dazu, uns intensiver und schwieriger zu erscheinen. Das ist so aufgrund dreier Eigenschaften, die wir fast zwangsläufig als unangenehm einstufen: die Adstringens, die Bitterkeit und die Schärfe.

Wir sollten uns allerdings daran erinnern, dass das Olivenöl kein Getränk, sondern ein Gewürz ist und dass das Vorhandensein dieser Komponenten – solange nicht übermäßig aggressiv – ein essenzieller Bestandteil eines großen extra nativen Öls ist.

Wie der Wissenschaftler Gary Beauchamp, Direktor des Monell Chemical Senses Center in Philadelphia (USA) bestätigt, sind die gesundheitsfördernden Eigenschaften des Olivenöls direkt proportional zu seinem Geschmack, den Aromen und anderen sensorischen Charakteristiken. Wenn das Öl am Gaumen keinerlei Schärfeempfinden auslöst, enthält es wenig oder kein Oleocanthal. Wenn es nicht bitter schmeckt, ist der Anteil der Tocopherole oder des Squalens extrem niedrig. Wenn die Textur des Öls dagegen nicht samtig-weich wirkt, mangelt es ihm an Hydroxytyrosol.

Fazit: Wenn Sie richtig genießen wollen und sich dabei vor tödlichen Krankheiten schützen wollen, vergessen Sie die sanften, letztlich geschmacksneutralen Öle: Es ist sehr wahrscheinlich, dass diese raffinierte Öle enthalten.

Harmonie

Zuletzt müssen wir, wie auch beim Wein, bei dem Olivenöl nach jener kulinarischen Synergie mit den Getränken und Speisen, die es begleitet, suchen – die wir mit dem schönen griechischstämmigen Wort Harmonie gleichsetzen.

Die mittelalterlichen Alchemisten mühten sich erfolglos, den Stein der Weisen zu finden, der angeblich die Fähigkeit besaß, jegliches Mineral in Gold zu verwandeln. *Tempi passati!* Wir halten heute ein Wundermittel in den Händen: gutes Olivenöl! Die Aromenfülle eines guten extra nativen Öls wirkt Wunder in der Welt der Gastronomie: Brot, Gemüse, Hülsenfrüchte, Fisch, Meeresfrüchte, Geflügel bis hin zu exotischen Früchten und Desserts – Eis und dunkle Schokolade inklusive – können geradezu göttlich schmecken, wenn man sie denn mit bestem Olivenöl verfeinert.

FERRAN ADRIÀ[9]: DAS OLIVENÖL IN DER KÜCHE DES 21. JAHRHUNDERTS

»Nur wenige Lebensmittel vereinen derart Geschichte, Symbolik und Relevanz wie das extra native Olivenöl. Es repräsentiert eine ganze gastronomische Strömung, die mediterrane Küche, benannt nach der mediterranen Diät, die schon vor Jahrzehnten als gesündestes und ausgewogenstes Ernährungsmodell eingestuft worden ist.

Zum ersten Mal in seiner Geschichte ist die Verwendung des Olivenöls nicht mehr auf den Mittelmeerraum beschränkt. Obwohl es in der traditionellen Küche seiner Ursprungsregion immer präsent war, blieb es ihm verwehrt, die Tür zur *haute cuisine* zu durchschreiten, trotz seiner stupenden Qualitäten. Die allerdings nicht gänzlich unbemerkt blieben, so schreibt Jean Anthelme Brillat-Savarin in seiner berühmten Abhandlung *Physiologie des Geschmacks*[10]: ›Wenn Ihr jedoch einige dieser Forellen braten sollt, die gerade einmal etwas mehr als ein Viertelpfund wiegen und die aus den lebendig murmelnden Bächlein fern der Hauptstadt stammen, vergesst nicht, sie in dem feinsten Olivenöl, das Ihr besitzt, anzubraten; diese einfache Speise ist, richtig gewürzt und mit einigen Zitronenscheiben garniert, würdig, einer Eminenz vorgesetzt zu werden.‹ Obwohl diese Zeilen fast zwei Jahrhunderte alt sind, sind sie erstaunlich modern und visionär. Denn bis in die siebziger Jahre hinein hatte Olivenöl in der *haute cuisine* nichts zu suchen, ganz im Gegenteil. Das goldene Zeitalter der klassischen Küche fiel mit der absoluten Hegemonie der Butter und anderer Fette wie dem Gänse- oder dem Schweineschmalz

9 Ferran Adrià gilt allgemein als einflussreichster und innovativster Koch des 21. Jahrhunderts.

10 *Physiologie des Geschmacks* oder *Betrachtungen über das höhere Tafelvergnügen*, im Original *Physiologie du goût*, 1826, im Todesjahr des Dichters, veröffentlicht.

zusammen. Es war die *nouvelle cuisine*, die durch ihr Plädoyer für die Leichtigkeit und damit verbunden auch für das Autochthone dem Olivenöl im Mittelmeerraum die Türen öffnete. Dennoch gab es in dieser Hinsicht keine etablierte Kultur: Die Verwendung von Olivenöl wird in keiner Rezeptsammlung aus dieser Zeit erwähnt.

Juan María Arzak, Ausnahmetalent unter den jungen Köchen Spaniens der letzten Jahrzehnte, erwähnte gelegentlich, dass das extra native Olivenöl in Kreisen der *haute cuisine* als höchst seltsames Produkt angesehen werde. Zum ersten Mal wahrgenommen hat er es 1976 im Restaurant der Brüder Troisgros in Roanne. In dem von Michel Guérard 1978 veröffentlichten Buch *La cuisine gourmande*, einem ikonischen Werk der *nouvelle cuisine*, werden das Olivenöl oder das extra native Olivenöl an keiner Stelle erwähnt. Möglicherweise handelt es sich dabei aber um ein terminologisches Problem, und der Ausdruck *huile fin* bezieht sich tatsächlich auf das Produkt, das wir heute so schätzen. In jedem Fall sprach man im Großteil der spanischen Restaurants der neunziger Jahre von Olivenöl und praktisch nie von extra nativem Öl. Glücklicherweise erreichte die Verbreitung des Olivenöls in den letzten beiden Jahrzehnten eine geradezu spektakuläre Geschwindigkeit, die es in der *haute cuisine* auf fulminante Weise verankert hat. Heutzutage, von Sydney, Helsinki über Los Angeles und Tokyo bis hin über den ganzen Mittelmeerraum, haben sich die interessierte Öffentlichkeit und die Spitzenköche den wunderbaren Eigenschaften dieses flüssigen Golds ergeben, das es, ausgehend von unseren eigenen kulinarischen Wurzeln, geschafft hat, die Welt zu erobern.«

Rezept aus dem Restaurant EL Bulli von Ferran Adrià:
Brot mit Tomaten[11]

Zutaten für 10 Personen

Für den Pizza-Teig

320 g	Weizenmehl
20 g	Presshefe
190 g	Milch
4 g	Salz
10 g	Sauerteig

Zubereitung

1. Die Hefe in etwas 12 °C-kalter Milch auflösen
2. Mehl sieben und in eine Rührschüssel zusammen mit der Milch-Hefe-Mischung und dem Sauerteig geben
3. Das Mehl bei mittlerer Geschwindigkeit mit dem Haken kneten und nach und nach Milch und Salz hinzugeben
4. Weiterkneten, bis der Teig glatt und homogen ist (nicht zu lange bearbeiten, da der Teig sonst zu zäh wird)
5. Den Teig auf eine kühle Oberfläche geben
6. Den Teig in ein breites Gefäß geben und mit einem feuchten Tuch abdecken
7. Den Behälter mit Frischhaltefolie möglichst hermetisch verschließen
8. Den Teig bei einer Temperatur von 30–35 °C zwischen 30–35 Minuten gehen lassen (ein längerer Zeitraum ist zu vermeiden, da der Teig sonst zu fest und zu sauer wird
9. Der Teig sollte anschließend glatt und luftig sein.
10. Den Teig in 4 Portionen à 135 g teilen und im Kühlschrank aufbewahren, um etwaige Fermentationsprozesse unter Kontrolle zu halten.

11 Das *pan con tomate*, ein so unentbehrliches wie altes Rezept der traditionellen katalanischen Küche. Das kreative Genie Ferran Adriàs überführt es in die Avantgarde-Küche des 21. Jahrhunderts, so wie Picasso es drei Jahrhunderte nach Velázquez mit dessen *Meninas* machte.

Für die Teigkissen
Pizzateig (vorher zubereitet)

Zubereitung

1. Den Teig so wenig flach wie möglich durch die Nudelmaschine drehen. Danach den Teig 1 Minute unter einem feuchten Tuch ruhen lassen
2. Den Teig an der breitesten Stelle etwas auseinanderziehen und wieder 1 Minute unter einem feuchten Tuch ruhen lassen
3. Den vorherigen Schritt wiederholen, bis der Teig 0,5 mm dick ist
4. Kreise mit einem Durchmesser von 3,5 cm ausstechen
5. Im Ofen bei 240 °C 2 Minuten lang backen, währenddessen umdrehen
6. Dieses Rezept ergibt etwa 100 Stück, weniger herzustellen, ist nicht empfehlenswert

Für das Tomatenwasser
2000 g reife Tomaten

Zubereitung

1. Tomaten waschen und vierteln
2. Mit den Händen zerquetschen, ohne daraus ein Püree zu machen
3. Die Tomatenmasse etwa 3 Stunden in einem mit Wasser befeuchteten Gaze-Tuch abtropfen lassen
4. Tomatenpulpe entsorgen und das Tomatenwasser aufbewahren. Es sollte transparent und leicht rosa sein

Für das Tomatensorbet
500 g Tomatenwasser (vorher zubereitet)
1,5 Blätter in kaltem Wasser eingeweichte Gelatine (á 2 g)

Zubereitung

1. 100 g Tomatenwasser erwärmen und darin die Gelatine auflösen
2. Alles zusammen in die Eismaschine geben, und sobald das Sorbet Form annimmt, ca. 2 Minuten vom Kühlelement trennen, damit sich das Sorbet setzen kann

3. Dann wieder in die Eismaschine (inklusive Kühlelement) geben und für 1 Minute rühren lassen. Im Kühlfach zwischen –8 und –10 °C aufbewahren

Sonstiges
Grobkörniges Meersalz
Extra natives Olivenöl

Letzte Handgriffe und Anrichten

1. Eine winzige Öffnung oben in die Brot-Airbags stechen und mittels einer Spritze mit extra nativem Olivenöl füllen
2. Die Öffnung mit einem Salzkristall verschließen
3. In ein kleines Glas etwas von dem Tomatensorbet geben und das gefüllte Brot daraufsetzen

FLÜSSIGES GOLD FÜR DAS DRITTE JAHRTAUSEND

DER HISTORISCHE HANDEL

Das Olivenöl war Mittelpunkt eines regen Handels, seit in Mesopotamien die ersten Städte entstanden und mit ihnen der Warenverkehr auf den Flüssen Euphrat und Tigris; dieser Handel konzentrierte sich auf die höher gelegenen Regionen (wie Ebla im heutigen Syrien oder Godin Tepe im heutigen Iran), wo der Anbau von Oliven und Wein besser möglich war. Später setzten Phönizier, Kreter, Griechen und Römer ihre Schiffe ein, um mit sämtlichen Mittelmeerhäfen und sogar – im Fall der Phönizier – mit anderen Kontinenten Handel zu treiben.

Es handelte sich, für all diese aufeinanderfolgenden Zivilisationen, um ein vielfältig einsetzbares Gut: zur Beleuchtung von Städten, zum Braten oder Würzen der Speisen, als Seife, Kosmetikum oder Schmiermittel. Es ist daher nicht verwunderlich, dass es seinerzeit einerseits kommerziell von solch großer Bedeutung war, wie es das Erdöl heute ist, andererseits die römischen Kaiser es gratis an ihr Volk – nebst Brot und Zirkusspielen – verteilen ließen.

Die unsicheren und stürmischen Zeiten nach dem Niedergang des römischen Imperiums und der *pax romana* schadeten dem mediterranen Seehandel und dem Olivenöl, obwohl es weiterhin in allen ölproduzierenden Regionen entlang des antiken *mare nostrum* konsumiert wurde.

Die Länder, die nun mit zunehmendem Wohlstand im Laufe der Jahrhunderte in Zentral-, Nord- und Osteuropa an Bedeutung gewannen, beleuchteten ihre Wohnstätten mit Kerzen und Fackeln, kochten mit tierischen Fetten und verfeinerten ihre Speisen mit Gewürzen asiatischer Herkunft.

Im Spätmittelalter begann sich der Seehandel zu erholen, die venezianischen, genuesischen oder aragonischen Schiffe durchpflügten wieder das Mittelmeer. Zwischen dem 15. und 18. Jahrhundert, nach den Reisen von Christoph Kolumbus und der anschließenden Aufteilung der Weltmeere sowie der Neuen Welt unter den Katholischen Königen Spaniens und dem portugiesischen Herrscher Johann II. – wie 1494 im Vertrag von Tordesillas festgelegt – entwickelten sich die Flotten beider Länder (und später die anderer aufstrebender Militärmächte wie Frankreich oder England) auf außergewöhnliche Weise.

Unter anderem gewannen der Wein und die Gewürze gewaltig an Bedeutung im weltweiten Seehandel. Weinbauregionen mit Zugang zum Meer, wie beispielsweise Zypern, Jerez, Porto, Bordeaux, Cognac und einige der Atlantikinseln wie die Kanaren oder Madeira, waren gemeinsam mit den Gewürzen und Stoffen aus dem Orient und den Produkten aus der Neuen Welt die Hauptakteure eines internationalen Booms – schon deshalb, weil der Handel auf dem Landweg im Vergleich wesentlich langsamer, unsicherer und teurer war. Die berühmte Seidenstraße, auf der die Kamelkarawanen die Steppen Zentralasiens durchquerten und Reichtum und Wohlstand so wunderschöner Städte wie Samarkand (im heutigen Usbekistan) förderten, verloren angesichts der nautischen Initiative der Spanier, Portugiesen, Genuesen, Venezianer und später der Engländer, Franzosen und Holländer immer mehr an Bedeutung.

Das Olivenöl, eine der Haupthandelswaren der maritimen Imperien der Antike, überließ in modernen Zeiten seinen Platz als wertvolle Ware seinem langjährigen Begleiter, dem Wein – und überlebte nur noch im Mittelmeerraum. (Obwohl es ihm später gelang, an Bord spanischer Galeonen den Atlantik zu überqueren und in den amerikanischen Kolonien Fuß zu fassen. Von Kalifornien bis Chile pflanzten spanische Eroberer und Missionare Olivenbäume, obwohl sie auch immer noch das Olivenöl aus Andalusien und anderen spanischen Regionen konsumierten.)

DIE AKTUELLE SITUATION DES OLIVENÖLHANDELS

Die neue, transozeanische Erweiterung des Ölhandels ließ also noch fast fünf Jahrhunderte auf sich warten und erfolgte erst im letzten Drittel des 20. Jahrhunderts – dank der Unterstützung einer neuen Weltmacht: der Vereinigten Staaten von Amerika.

Die Nachfrage ergab sich diesmal weder aus seiner Eigenschaft, Häuser und Städte beleuchten zu können – die Elektrizität hatte dieses Feld erfolgreich und für alle Zeiten bestellt – noch, zumindest anfangs, wegen seiner kosmetischen oder kulinarischen Qualitäten. Der wahre Motor für die neuerliche Nachfrage nach Olivenöl in globalem Maßstab war diesmal ein für die Menschheit wesentlich stärkeres Motiv: die Gesundheit. Im Laufe des letzten Drittels des 20. und zu Beginn des 21. Jahrhunderts verändern sich Lebensmittelindustrie und -handel tiefgreifend: Zum ersten Mal in der Geschichte der Menschheit begann eine wachsende Zahl von Staaten, angefangen von den weitestentwickelten – die ein Jahrhundert zuvor den Hunger besiegt hatten –, an neuen Pandemien zu leiden: Herzerkrankungen, Krebs, Diabetes und Fettleibigkeit samt ihrer Folgen.

Die Lebensmittelindustrie hatte keine andere Wahl, als ihr Angebot auf die neuen Anforderungen von Regierungen und Verbrauchern abzustimmen: Forschungsvorhaben und Kommunikation von Lebensmittelkonzernen konzentrieren sich zunehmend auf die Gesundheitsvorteile ihrer Angebote.

In diesem neuen Szenario, das seinen Ausgang in den USA nahm und sich schnell über ganz Europa und den Rest der Welt verbreitete, demonstrierte die *Seven Countries Study* des Epidemologen Ancel Keys die Überlegenheit der mediterranen Diät, die nicht nur darin besteht, tierische Fette durch Olivenöl auszutauschen. In den Achtzigern fanden Forscher heraus, dass Dreh- und Angelpunkt dieser Ernährungsweise die Antioxidantien sind, die in vielen mediterranen Lebensmitteln vorkommen, wie in Gemüse, Hülsenfrüchten, Obst, Wein und extra nativem Olivenöl. Bezeichnenderweise wurden die beiden Letzteren jahrelang wiederholt ob ihres Alkohol- und Fettgehalts von Ernährungswissenschaftlern verdammt. Die Tatsache, dass ein Bewohner der Insel Kreta dreimal mehr Fett und zweimal mehr Alkohol als der durchschnittliche Amerikaner zu sich nahm und dabei nach sechzehn Jahren mit einem um 98 Prozent niedrigeren Sterberisiko rechnen konnte als der Amerikaner, erschütterte die Grundfesten der amerikanischen Präventivmedizin. Die Universität Harvard und andere medizinische Forschungszentren stürzten sich bald voller Eifer auf dieses neue Paradigma: eine gesunde und ausgewogene Ernährung.

DIE EROBERUNG DER NEUEN WELT

Historisch gesehen dauerte es immer Jahrzehnte, bis wissenschaftliche Entdeckungen ihren Niederschlag im Leben eines Normalverbrauchers fanden. Ein gutes Beispiel hierfür ist, dass trotz der zwischen 1970 und 1980 von Ancel Keys publizierten Schlussfolgerungen der Import von Olivenöl in die Vereinigten Staaten gleich blieb – etwa 27 000 Tonnen pro Jahr, was 100 g pro Einwohner pro Jahr entspricht.

Seit 1980 aber erreicht die mediale Macht der Universität Harvard und anderer Institutionen wie des IOC – die Öffentlichkeitsarbeit und Werbung für das *extra vergine* in den USA machen – einen Anstieg der Olivenölimporte in die USA, der spektakulär zu nennen ist: Die Importe stiegen um den Faktor 10 und erreichten im Jahr 2010 einen Wert von mehr als 1,5 Milliarden US-Dollar. Noch wichtiger ist die Wachstumsrate, die bis auf gelegentliche Aufs und Abs durch preisliche Verän-

USA: Importe von Olivenöl (1966/67–2010/11)
Einschließlich Tresteröl

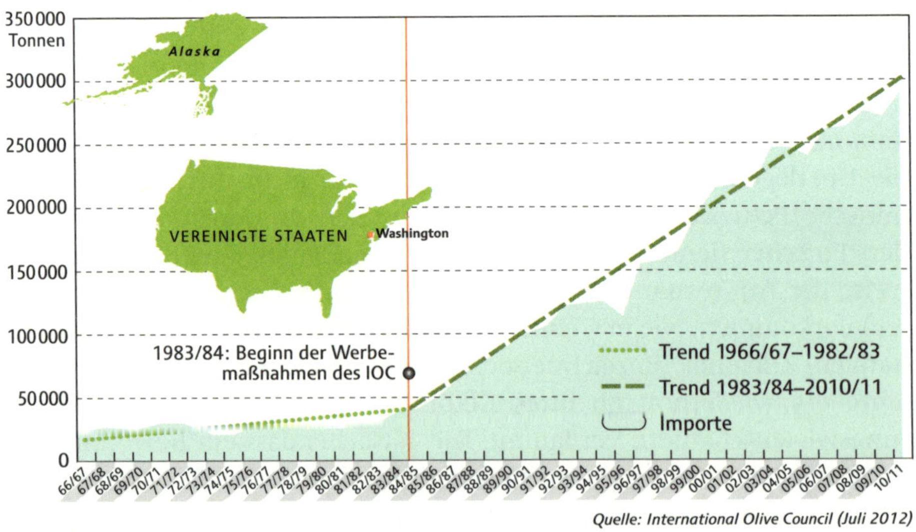

Quelle: International Olive Council (Juli 2012)

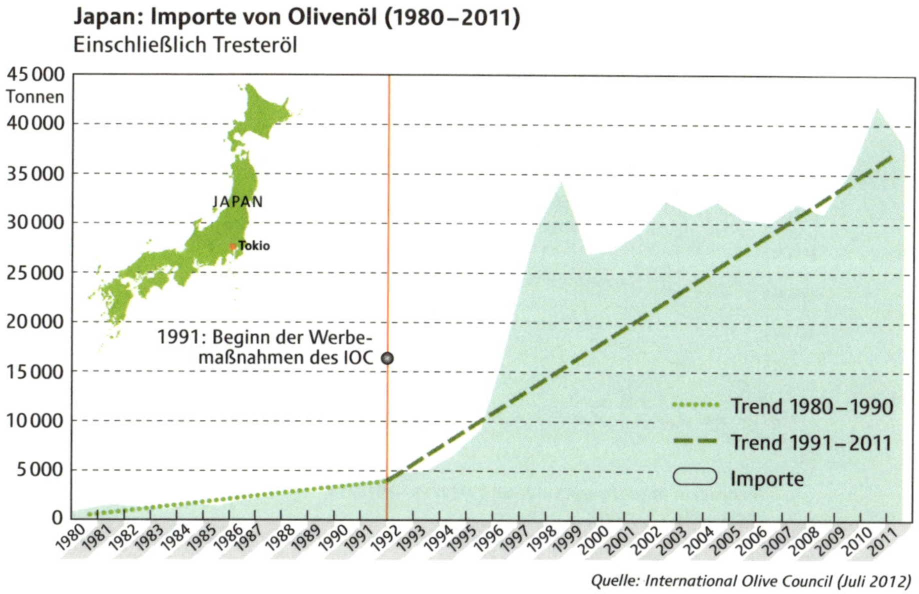

derungen konstant bleibt. Wenn das Angebot mehrheitlich gefälschter extra nativer Öle sich allmählich reduziert und hoffentlich bald gänzlich verschwindet, ein großes Anliegen von mir, so könnten die Nordamerikaner einen mediterranen Konsum an Olivenöl erreichen.[1]

Andere Importmärkte der Neuen Welt sind ebenfalls deutlich gewachsen. Kanada und Australien haben ihren Import seit 1980 versechsfacht, Brasilien mehr als verdreifacht, und das erst seit 1990. Japan ist der einzige wichtige Markt, auf dem es nach spektakulären Wachstumsraten – der Import hatte sich in den fünf Jahren nach 1992 versiebenfacht – zu einem Stillstand kam. Seitdem ist der Konsum bei 30 000 Tonnen stehen geblieben, was etwa 250 g pro Jahr pro Einwohner entspricht. Es wäre nicht verwunderlich, wenn der japanische Markt wieder reagierte, wenn die gefälschten extra nativen Olivenöle verschwänden und genügend authentisches *extra vergine* mit viel Geschmack und einem hohen Gehalt an Antioxidantien zur Verfügung stände.

1 Bezeichnenderweise weist der Konsum von Wein (das andere flüssige Element der mediterranen Diät) eine ähnliche Entwicklung auf.

Kanada: Importe von Olivenöl (1980–2011)
Einschließlich Tresteröl

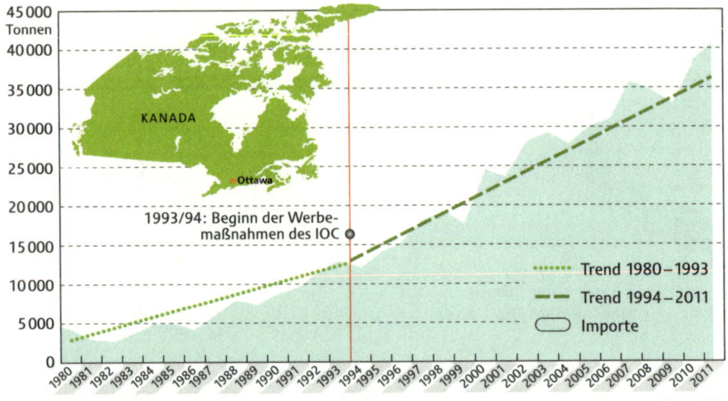

Quelle: International Olive Council (Juli 2012)

Australien: Importe von Olivenöl (1967/68–2010/11)
Einschließlich Tresteröl

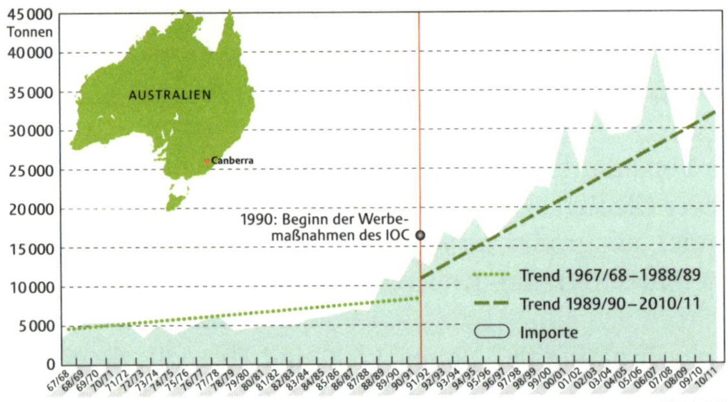

Quelle: International Olive Council (Juli 2012)

Brasilien: Importe von Olivenöl (1980–2011)
Einschließlich Tresteröl

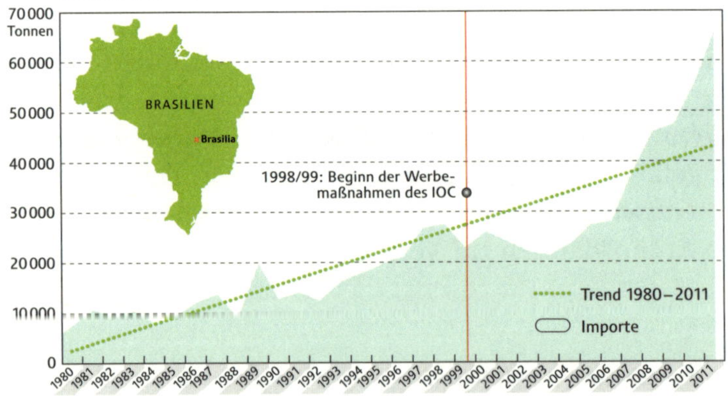

Quelle: International Olive Council (Juli 2012)

DIE EU – DER WELTMARKTFÜHRER

Die EU dominiert weiterhin, dank ihrer mediterranen Flanke, die Produktion und den Konsum von Olivenöl. Sie liefert 80 Prozent der gesamten Ernte auf dem Weltmarkt und verbraucht jährlich 70 Prozent. Die drei größten Hersteller sind Spanien, Italien und Griechenland. Der viertgrößte Produzent ist Tunesien, dessen Olivenanbaugebiete sich hauptsächlich an der nordafrikanischen Mittelmeerküste befinden – also ein weiterer Mittelmeer-Anrainer.

Spanien ist weltweit der größte Produzent von Olivenöl. Das größte Olivenanbaugebiet der Welt umfasst 2,45 Millionen Hektar mit nicht weniger als 309 Millionen Olivenbäumen, die 260 Sorten einschließen und von einer halben Million Olivenbauern bearbeitet werden.

Die Region Andalusien erzeugt 80 Prozent der spanischen Ernte, gefolgt mit einigem Abstand von Kastilien-La Mancha. Einige für ihre Qualität sehr bekannte Gegenden sind Baena oder die Sierras de Cazorla und Mágina in Andalusien, Montes de Toledo in Kastilien-La Mancha, Bajo Aragón im Nordwesten der Iberischen Halbinsel sowie Les Garrigues und Siurana in Katalonien.

Der Verbrauch in Spanien wächst stetig und zehrte 60 Prozent seiner Produktion auf, die 2010/11 den Rekordwert von 1,6 Millionen Tonnen erreichte, von denen 52 Prozent exportiert wurden. Ein Teil davon (etwa 50 Prozent) geht nach Italien, das wiederum einen bedeutenden Teil davon außerhalb der EU exportiert.

Italien ist der zweitgrößte Produzent mit mehr als 1,4 Millionen Hektar Land und 238 Millionen Olivenbäumen, die erstaunlicherweise von einer Million Olivenbauern bearbeitet werden. Die im Olivenanbau führenden Regionen sind Apulien, Sizilien, Kampanien und Kalabrien – sie alle befinden sich im Süden des Landes, obwohl auch andere nördlichere Regionen wie die Toskana oder Umbrien einen außergewöhnlichen Ruf ob der hohen Qualität ihrer extra nativen Öle genießen.

Italien ist mit 650 000 Tonnen der weltgrößte Verbraucher von Olivenöl, das anders als in Spanien – wo der Großteil der Produktion zum Braten von Lebensmitteln genutzt wird – hauptsächlich (zu 80 Prozent) frisch bzw. roh oder kalt als Begleitung zu allen möglichen Speisen genossen wird, was einer wesentlich überlegeneren Verwendung in kulinarischer und diätetischer Hinsicht entspricht.

Die Bedeutung des italienischen Marktes hat dazu geführt, dass sich das weltweit führende spanische Unternehmen SOS während der letzten Jahre die wichtigsten italienischen Firmen und Marken, wie Carapelli oder Bertolli, einverleibt hat. Es spricht vieles dafür, dass Spanien die führende Position auf dem Olivenölmarkt in der nächsten Zeit für sich wird beanspruchen können, zumal die jüngste EU-Verordnung in diesem Bereich den Erzeugern vorschreibt, das Herkunftsland des Öls auf der Verpackung anzugeben.

Griechenland ist mit einer Anbaufläche von 1 125 000 Hektar und 170 Millionen Olivenbäumen, die sich hauptsächlich in der Region Peloponnes (37 Prozent), auf der Insel Kreta (30 Prozent) und den griechischen Inseln im Ionischen Meer (12 Prozent) befinden, der drittgrößte Produzent. Die berühmtesten Regionen sind Heraklion und Chania, Kreta, Messenien auf dem Peloponnes und Korfu.

Griechenland hat seine Produktion in den letzten Jahren gesteigert und liegt bei über 420 000 Tonnen pro Jahr. Der Verbrauch im Land selbst ist geradezu explodiert, in den letzten zwei Jahrzehnten von 5 auf 25 kg pro Kopf, ein – weltweit gesehen – Rekordwachstum. Die im Verbrauch führende Region ist die Insel Kreta: Auch heute noch verbrauchen die Kreter doppelt so viel Olivenöl wie der Rest des Landes. Offensichtlich halten die Kreter an ihren uralten Traditionen fest.

Tunesien, der vierte und letzte der großen Produzenten, besitzt Olivenhaine auf einer Fläche von 1 680 000 Hektar – nur Spanien hat mehr, jedoch ist die Ausbeute in Tunesien niedriger – mit einer Produktion von 210 000 Tonnen. Dieser Wert variiert allerdings enorm: So fiel er von 270 000 Tonnen im Jahr 1996/1997 um 80 Prozent auf knapp 35 000 Tonnen in 2001/2002 – aufgrund heftiger Einbußen infolge von Trockenheit. Ein erheblicher Teil der tunesischen Olivenhaine steht in einer sehr trockenen Zone, mit einer Dichte von zum Teil 40 Olivenbäumen pro Hektar in der Zentralregion und nur 20 pro Hektar im Süden. Im Gegensatz dazu ist das Klima im Norden viel feuchter; dort stehen im Durchschnitt 100 Bäume auf einem Hektar.

Der tunesische Olivenölsektor ist für die Wirtschaft des Landes sehr wichtig, beschäftigt direkt oder indirekt mehr als eine Million Menschen und ist für 50 Prozent der landwirtschaftlichen Exporte des Landes verantwortlich. Der Inlandsverbrauch beläuft sich auf etwa 43 000 Tonnen. Der Export schwankt aufgrund der oben genannten Gründe und liegt bei rund 90 000 Tonnen, erreichte aber auch schon den Rekordwert von 209 000 Tonnen während 2003/2004, einen Wert, der dem aktuellen Produktionsziel der tunesischen Regierung entspricht.

Es folgt die Türkei, ebenfalls ein Anrainer des Mittelmeers, mit einer Jahresproduktion von 140 000 Tonnen, von denen rund 60 000 Tonnen im Land selbst verbraucht werden; der Rest geht in den Export. In diesem Land sollen 100 Millionen Olivenbäume gedeihen; dennoch verbrauchen die Türken zurzeit noch weniger als 1 Liter Olivenöl pro Kopf und Jahr.

Andere wichtige Olivenöl produzierende Länder in Nordafrika und dem Nahen Osten sind Syrien (125 000 Tonnen), Marokko (71 000 Tonnen) und Algerien (34 000 Tonnen), gefolgt von Jordanien (27 000 Tonnen), Libyen (11 000 Tonnen), dann Israel und der Libanon (jeweils etwa 6100 Tonnen)[2].

Die Mehrheit der genannten Länder konnte ihre Produktion in den letzten Jahren regelmäßig steigern und verfolgt weitere Ausbauvorhaben.[3]

PERSPEKTIVEN DES MARKTS FÜR EXTRA NATIVES OLIVENÖL IM 21. JAHRHUNDERT

Ich habe Ihnen gezeigt, dass zwar einerseits der Konsum von Olivenöl in aller Welt angestiegen ist, aber andererseits die europäischen Länder – und hier allen voran die Mittelmeerländer – noch immer weltweit das meiste Olivenöl verbrauchen. Daraus schließe ich, dass im Rest der Welt noch ein erhebliches Wachstumspotenzial vorhanden ist.

2 Diese Zahlen stammen von Erhebungen des IOC und geben einen Durchschnittswert für den Zeitraum 2002/2003 bis 2008/2009 wieder.

3 Die Bürgerkriege und blutigen Unruhen seit 2011 verändern diese positive Situation natürlich; es wird Jahre dauern, bis die Produktionsbedingungen in diesen Ländern wieder das Niveau der Jahre bis 2010 erreicht haben.

Ob es gelingt, die weltweite Nachfrage nach erstklassigem Olivenöl weiter anzukurbeln, hängt meiner Meinung nach von einem entscheidenden Faktor ab: von der Einschätzung des Olivenöls als gesundes Lebensmittel. Dieser Punkt wird der Schlüssel sein für die Zukunftschancen eines jeglichen Lebensmittels. Meine These bestätigen die Medien, die der Gesundheit immer mehr Raum geben.

EIN BEISPIEL, DEM MAN FOLGEN SOLLTE: DIE REVOLUTION DES WEINS

Ich möchte noch einmal darauf hinweisen, dass das einzige Olivenöl von diätetischem und kulinarischem Belang – und dem daher eine brillante kommerzielle Zukunft sicher sein wird – das extra native Olivenöl ist. Die größte Hürde für seine Verbreitung sehe ich in dem inakzeptablen Maß von Betrug an diesem Produkt und dem daraus resultierenden Verlust der Glaubwürdigkeit, der logischerweise bei den Verbrauchern entstehen muss.

Aber wir können die jüngsten Entwicklungen in der Weinbranche genauer anschauen und für uns nutzen – so erhalten wir eine Strategie, die vor allem ein Ziel hat: den weltweiten Verbrauch von extra nativem Olivenöl zu steigern.

Bis zum Ende des 20. Jahrhunderts litt der schon seit Jahrzehnten stagnierende Weinmarkt an Problemen, die mit denen des Olivenöls heute vergleichbar sind. Natürlich gab es – und dies ist auch bei Olivenöl der Fall – eine begrenzte Anzahl großer, weltweit anerkannter, teurer Weine, die sich allerdings auf wenige schon immer führende Marken aus dem Bordelais, aus Burgund oder der Champagne beschränkte. Besonders Frankreich dominierte auf fast schon erdrückende Weise den recht begrenzten Exportmarkt für Qualitätsweine.

In vielen Ländern schenkten Restaurantchefs einen anonymen sogenannten »Hauswein« in Karaffen aus – ohne jegliche Information oder Garantie für den Verbraucher; sie sorgten dadurch recht effektiv dafür, dass dieser der meistkonsumierte im Lokal war, ohne dass der Konsument wusste, was er da zu sich nahm.

Der Weinmarkt dümpelte vor sich hin: Der Weinkonsum solch fundamental wichtiger Märkte wie Großbritannien oder die USA hing in erster Linie von der Nachfrage der Über-Fünfzigjährigen ab. Deren Pro-Kopf-Verbrauch war eher niedrig und beschränkt auf preiswerte, mittelprächtige, süße Weißweine aus Deutschland. Kurz gesagt: Der Wein war zu einer im Überfluss vorhandenen *commodity* mit geringer Glaubwürdigkeit und ebenso niedrigem Ansehen geworden.

Die Revolution, die diesen Zustand Anfang der achtziger Jahre radikal verändern sollte, hatte schon viel früher auf dem Campus der Universität von Kalifornien begonnen – jenem Staat, der federführend bei wichtigen technologischen Fortschritten auf diesem Gebiet im späten 20. Jahrhundert sein sollte.

In den frühen sechziger Jahren, als ich als junger graduierter Agronom nach Davis kam, war die Theorie ihres Dekans, Maynard Amerine, denkbar einfach: Wenn die kalifornischen Winzer mit denen in Bordeaux oder Burgund konkurrieren wollten und sich dabei der bedeutendsten Trauben, wie *Cabernet Sauvignon*, *Pinot Noir* oder *Chardonnay*, bedienen wollten, müssten sie sich auf die avancierteste Technologie des 20. Jahrhunderts stützen, schon allein um ihre deutlichen Nachteile – ungünstigere Böden, wärmeres Klima und der Mangel an Erfahrung – gegenüber den großen europäischen Vorbildern auszugleichen.

Die kalifornische technologische Revolution erstreckte sich über mehrere Jahrzehnte. Sie hatte sogar einen erstaunlichen Bumerang-Effekt, als der wohl weltweit renommierteste Weinwissenschaftler, Émile Peynaud (Professor für Önologie an der Universität Bordeaux), in den späten siebziger Jahren für einen berühmten *premier grand crus*, den Château Margaux im Médoc, den in der Alten Welt ersten vollklimatisierten Keller für die Fassreifung entwickelte. Auch später setzte er auf vielen Bordeaux-Weingütern und in ganz Europa Edelstahltanks mit heizbaren Wasserkreisläufen ein, eine Technik nach kalifornischem Vorbild.[4]

Der Weinkonsum, besonders der von rotem Wein, profitierte stark von den Forschungen von Wissenschaftlern wie dem französischen Ernährungsberater Serge Renaud. 1991 erklärte er dem Gastgeber und Starmoderator der amerikanischen Fernsehsendung *60 Minutes*, Morley Safer, wie Rotwein dem im Vergleich zu den Amerikanern deutlich hö-

4 Zwischen 1982 und 1990 hatte ich das Glück, auf Émile Peynaud als Berater zurückgreifen zu können, der mir dabei half, auf Valdepusa den ersten klimatisierten Saal für die Fassreifung in Spanien zu entwerfen. Peynaud schrieb später über diese Zusammenarbeit in seinem Buch *Le vin et les jours*.

heren Verzehr tierischer Fette der Franzosen entgegenwirkt. Es war verblüffend, dass die Franzosen viel seltener an Herzversagen oder ähnlichen Krankheiten starben als die Amerikaner und somit trotz erhöhtem Alkoholkonsum älter wurden. Er löste ein Rätsel, das die Wissenschaft als »französisches Paradox« bezeichnet hatte.

Die anschließende Entdeckung der antioxidativen Kraft der Polyphenole im Wein sprang denn auch mit einer verblüffenden Leichtigkeit aus den Seiten wissenschaftlicher Fachzeitschriften in die allgemein zugänglichen Medien, wie etwa in Form der Kolumne meines Freundes Frank J. Prial, damals Weinkritiker der *New York Times*, oder der großen Reportagen des weltweit auflagenstärksten Fachmagazins für Wein, des *Wine Spectator*, das seinerzeit ein anderer guter Freund, Tom Matthews, leitete.

Die kalifornischen Wissenschaftler leisteten Bahnbrechendes: Sie hatten gezeigt, dass durch Technologien wie zum Beispiel die Kühltechnik eine Oxidation des Leseguts verhindert werden konnte. Die Auswirkungen auf Produktion, Konsum und den Handel mit Wein auf globaler Ebene können nur als spektakulär bezeichnet werden. Die Weinproduktion – ehemals zu 90 Prozent auf Europa beschränkt – hatte sich weltweit ausgebreitet, und mittlerweile fahren die anderen vier Kontinente ein Drittel der gesamten Ernte ein. Der Weinkonsum (vor allem der des Rotweins, mit einem zwanzigmal höheren Gehalt an Polyphenolen im Vergleich zum Weißwein) wächst fast überall auf der Welt und nimmt nur in den großen, traditionellen Weinländern wie Frankreich, Italien, Spanien oder Portugal ab. Die Zukunftsaussichten sind sehr günstig, wenn man den neuen wachsenden Mittelstand aus den sogenannten BRIC-Ländern (Brasilien, Russland, Indien und China) berücksichtigt, der sich gerade in einer von Internet und sozialen Netzen dominierten Welt zunehmend der diätetischen Werte der Polyphenole und ihres Images bewusst ist.

Ein Beispiel: Der größte Konsument des 2009er-Jahrgangs der *premiers grand crus* aus Bordeaux mit einem Rekordpreis von 900 Euro pro Flasche ist die Volksrepublik China. Im Jahr 2011 erwarb China 60 Prozent des Warenwerts der Exporte von Bordeaux, der führenden Region für Qualitätsweine.

DIE KOMMENDE REVOLUTION DES EXTRA NATIVEN OLIVENÖLS

Zunächst waren während mindestens drei Jahrtausenden der Handel und Konsum von Wein und Olivenöl eng miteinander verbunden. Erst mit dem Niedergang des Römischen Reiches gehen ihre Wege im Handel auseinander: der Wein profitiert und wird zu einem Hauptakteur im Seehandel. Schon im 18. Jahrhundert kann er mit beeindruckenden Umsatzzahlen aufwarten. Obwohl sein Status als Handelsware Mitte des 20. Jahrhunderts in Richtung Massenprodukt abglitt, erstarkte vor allem sein luxuriöses *premium*-Segment Ende des 20. Jahrhunderts und spielte in dieser Zeit eine maßgebliche Rolle.

Entwicklung der Herstellerpreise des extra nativen Olivenöls
(Durchschnittlicher Preis eines Monats)

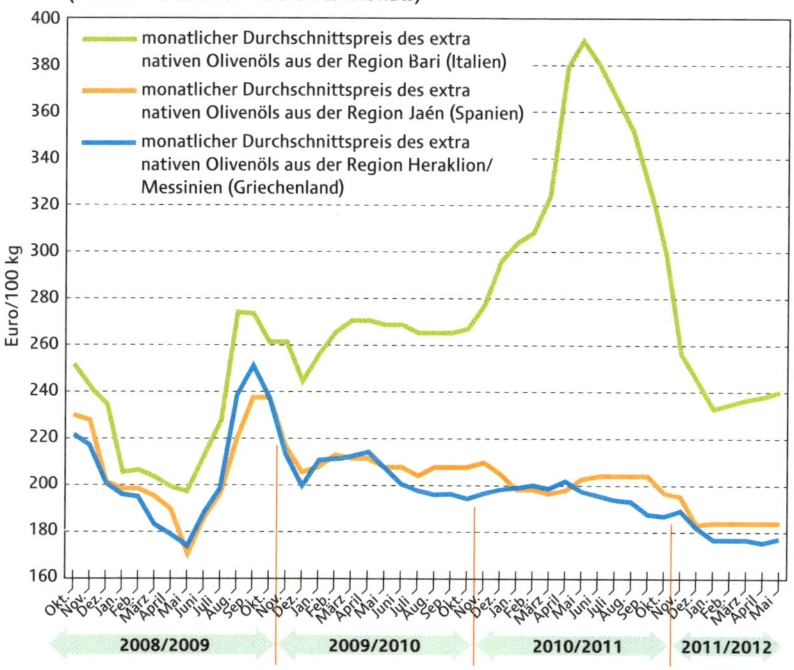

Genau das ist der Wendepunkt, an dem sich das Olivenöl heute befindet. Sein Markt durchläuft eine ähnliche Phase wie der des Weins vor etwa drei Jahrzehnten.

In der Tat hat, trotz aller kommerziellen Erfolge in den letzten Jahr-

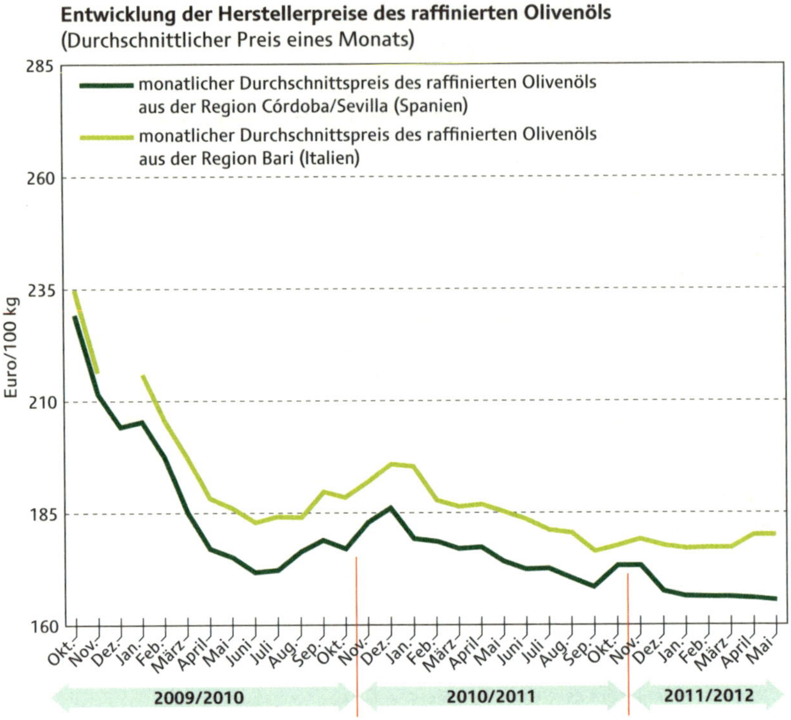

zehnten, das extra native Olivenöl als Flaggschiff auf dem Olivenölmarkt (und die kommerzielle Zukunft dieses Sektors) ein handfestes Problem: Es vegetiert noch immer größtenteils dahin als Massenprodukt mit fallenden Preisen, das nach und nach die Produzenten authentischer extra nativer Öle ruinieren könnte.

Dies beweist ein Blick auf die oben und auf der vorigen Seite stehenden Tabellen, die zeigen, dass die Preise für loses extra natives Olivenöl (in Tanks gehandelt) in gleichem Maße absinken wie die für raffinierte, also aufbereitete und geruchlose Olivenöle. Tatsächlich haben sich im letzten Jahrzehnt die ursprünglichen Preise für Olivenöl mehr als halbiert.

Darüber hinaus zeigt uns der Vergleich zwischen den beiden Tabellen, dass sich die Preise für loses raffiniertes Olivenöl und extra natives Öl kaum unterscheiden, tatsächlich wurde für das extra native Öl im Jahr 2010/2011 ein niedrigerer Preis bezahlt als für das raffinierte Öl früherer Ernten, zumal ein allgemein sinkender Preis beide Kategorien betrifft.

Eine erste Schlussfolgerung liegt auf der Hand: Obwohl die Konsumenten auf der ganzen Welt behaupten, dass sie dem extra nativen Olivenöl den Vorzug geben, sind sie bestenfalls bereit, einen winzigen Aufpreis dafür zu bezahlen. Dieser Widerspruch hat nur eine mögliche Erklärung: Das extra native Olivenöl hat ein massives Glaubwürdigkeits- bzw. Vertrauensproblem, das mit unerbittlicher Konsequenz auf die endlosen, in moralischer und ethischer Hinsicht sowie aus Sicht des Verbraucherschutzes vollkommen inakzeptablen Betrügereien folgt.

DAS RAFFINIERTE OLIVENÖL

Die auf dem Olivenölmarkt verwendete Terminologie sorgt unter den meist schlecht informierten Verbrauchern durchaus nicht unabsichtlich für Verwirrung.

Die in dieser Hinsicht zweifelsfrei unerhörteste Kategorie ist die des raffinierten Olivenöls. Tatsächlich scheint dieser mit Finesse und Qualität assoziierte Begriff sogar eine gewisse qualitative Verbesserung zu bezeichnen. Nichts könnte weiter von der Realität entfernt sein: Das raffinierte Öl besteht zu 90 Prozent aus fehlerhaften, schadhaften Oliven unverkäuflicher Qualität, die einen geradezu traumatisierenden Prozess durchlaufen, der jeden noch so kleinen Überrest des unverseifbaren Anteils, der alle Antioxidantien enthält, vernichtet.

Hohe Temperaturen – zum Erhalt von Biophenolen, Tocopherolen und Squalen vollkommen untauglich und absolut kontraproduktiv – wie auch die Behandlung mit starken Lösungsmitteln sind Bestandteile dieses Verfahrens. Das Endergebnis ist ein farbloses, geschmackloses, vollkommen neutrales Schmiermittel, dem 10 Prozent eines mittels mechanischer Verfahren gewonnenen, angeblich extra nativen Öls zugesetzt werden.

Schlussfolgerung: Wer auf kulinarischen Genuss und die eigene Gesundheit Wert legt, der sollte raffiniertes Öl schleunigst vergessen![5]

5 Ebenso ist Vorsicht geboten bei der einfachen Bezeichnung ›Olivenöl‹, das zu 99 Prozent aus raffiniertem Olivenöl bestehen darf, und bei sehr billigem Olivenöl (wenige Euro pro Liter), da hier eine Beimischung mit raffiniertem Öl sehr wahrscheinlich ist.

DAS PROBLEM DER GLAUBWÜRDIGKEIT DES EXTRA NATIVEN OLIVENÖLS

Die Erfahrung lehrt, dass der Markt – das heißt die Gesamtheit der Verbraucher – meist dazu neigt, von selbst die Verhältnisse zu regeln. Dies ist auf dem Markt des extra nativen Olivenöls in den letzten Jahren geschehen.

Im ersten Kapitel habe ich beschrieben, wie mich der Fall *Merum* und die Rolle, die mein unvergessener Freund Marco Mugelli darin spielte, dazu inspiriert haben, dieses Buch zu schreiben. Die bekannte schweizerische Fachzeitschrift *Merum*, dem Anliegen vieler Konsumenten Rechnung tragend, beschloss, die in Deutschland im Handel erhältlichen extra nativen Olivenöle genauer unter die Lupe zu nehmen. Zu diesem Zweck beschaffte sie sich – direkt aus den Regalen der großen Supermarktketten des Landes – Muster der wichtigsten olivenölerzeugenden Länder (Spanien, Italien, Griechenland), die sie für eine ordnungsgemäße Analyse nach EU-Vorschrift an das von Mugelli geleitete Laboratorio Chimico Merceologico schickte.

Damit ein extra natives Öl diese Bezeichnung auch verdient und dieser qualifizierende Zusatz auf dem Etikett stehen darf, verlangt die EU eine Analyse diverser chemischer Parameter, die Bedingungen wie etwa den maximalen Ölsäuregehalt – der bei weniger als 0,8 Prozent liegen muss – beinhalten. Darüber hinaus muss das Öl einen sensorischen Test, eine Verkostung durch EU-anerkannte Experten, einen Panel, bestehen, die dem Öl Fruchtigkeit und das Fehlen von sensorischen Fehlern attestieren sollen. Dieser Test ist allerdings eine freiwillige Maßnahme und nicht zwingend vorgeschrieben.

Das Ergebnis der Analyse: Von den 19 von *Merum* eingesandten Proben bestand nur eine beide Kontrollen, eine weitere Probe wurde, nach bestandener chemischer Analyse, im sensorischen Teil der Untersuchung als unzureichend eingestuft. 17 Proben entsprachen den Mindestanforderungen beider Kontrollinstanzen nicht und wurden daher, da sie den Zusatz extra nativ trugen, aufgrund falscher Angaben auf dem Etikett disqualifiziert.

Um sicherzugehen, gab *Merum* ein weiteres Gutachten bei einer zweiten Expertengruppe in Auftrag, diesmal bei einem offiziellen Panel der

Agenzia regionale per la protezione ambientale della Toscana[6] aus Florenz, deren Ergebnis identisch ausfiel.

Es handelte sich um einen ausgewachsenen Skandal, der für den wichtigsten Markt der EU – die Bundesrepublik Deutschland – nachwies, welches Ausmaß der Betrug mit extra nativem Olivenöl zu diesem Zeitpunkt angenommen hatte. Massenmedien wie das Wochenmagazin *Stern* und der Fernsehsender ZDF, ebenso Gourmetmagazine wie *Der Feinschmecker* berichteten recht detailliert über die skandalösen Untersuchungsergebnisse von *Merum*, die von einer breiten Öffentlichkeit empört zur Kenntnis genommen wurden.

Weitere Reaktionen ließen nicht lange auf sich warten. Der Vorsitzende der Carapelli Firenze S. p. A., des in Italien führenden Unternehmens auf dem Olivenölsektor, rief den Vorsitzenden der Florentiner Handelskammer an und verlangte die sofortige Suspendierung Marco Mugellis von seinem Posten als Direktor des Laboratoriums, falls die Handelskammer nicht eine Zivilklage in Millionenhöhe riskieren wolle.

Die Zeitschrift *Merum* veröffentlichte in der Juniausgabe 2004 ein Interview, das der heutige Chefredakteur Andreas März mit Marco Mugelli führte. Mugelli konstatierte, dass die mit *extra vergine* etikettierten Öle, von professionellen Verkostern als übelriechend und ranzig eingestuft, dem Ruf qualitätsbewusster Ölproduzenten nicht nur in Italien, sondern in der ganzen Mittelmeerregion erheblich schadeten.

Die Weigerung der Florentiner Handelskammer, Mugelli zu feuern – gerade wegen seiner nachweislichen Unabhängigkeit und Unbestechlichkeit – erboste die Führungsriege bei Carapelli derart, dass sie nicht nur die Handelskammer mit Klagen in Millionenhöhe überzog, sondern auch gegen Mugelli selbst eine Strafanzeige mit Antrag auf eine Freiheitsstrafe von sechs Monaten erstattete.

Schließlich kam es, wie es – logischerweise – kommen musste: Die italienischen Gerichte wiesen die Klagen ab bzw. entschieden gegen die Kläger, da weder die Handelskammer noch Mugelli gegen geltendes EU-Recht verstoßen hatten, und bestätigten, wie in der Entscheidung des Strafgerichts von Pistoia vom 12. März 2009, die Rechtmäßigkeit der *Merum*-Kritik.

6 Agentur für Umweltschutz der Toskana, hier mit anderen Aufgaben betraut als etwa in Deutschland.

Politische Interessen verhinderten die Fortsetzung der Affäre – etwa durch eine mehr als legitime Gegenklage seitens der Handelskammer – die, so der Skandal in weiteren europäischen Medien publik würde, dem heimischen Olivenölsektor hätte empfindlich schaden können.

Industrie und Druck von Behördenseite verhinderten einen sich ausweitenden Skandal auf internationaler Ebene. Allerdings sind offene Geheimnisse eben genau das, und wir, die wir in irgendeiner Weise mit der Herstellung und dem Handel von extra nativem Olivenöl zu tun haben, wissen seit Jahren, dass es sich hierbei nicht um einen Einzelfall, sondern vielmehr um die Spitze des Eisbergs handelte. Im Jahr 2010 haben zwei Fälle – in den Hauptrollen diesmal zwei öffentliche Institutionen – erneut das inakzeptable Maß der Öl-Betrügereien ans Licht gebracht: Im Juli 2010 gelangte ein Gremium renommierter Wissenschaftler des UC Davis Olive Center zu dem Schluss, dass eine erdrückende Mehrheit – 69 Prozent – der nach Kalifornien importierten und dort verkauften extra nativen Olivenöle nicht den geforderten Standards entsprachen und daher alles andere als extra nativ waren.[7]

Die chemischen Analysen, die von zwei spezialisierten Labors der Universitäten von Kalifornien und Adelaide (nach den Richtlinien des IOC) durchgeführt wurden, zeigten dafür folgende Gründe auf:

- Oxidation durch übermäßige Wärme, Licht oder Alter des Ausgangsmaterials
- Verfälschung mit raffiniertem Öl
- fehlerhafte Qualität der Oliven, des Extraktionsprozesses und/oder der Lagerung

Das Landwirtschaftsministerium, besorgt über diesen Betrug – die USA sind mit einem Umsatz von 1,5 Milliarden US-Dollar der drittgrößte Markt für extra natives Olivenöl der Welt –, führte ein eigenes Bewertungsverfahren für die Kategorien *vergin* und *extravergin* ein.

Der Skandal hatte auch in der italienischen Presse ein höchst negatives Nachspiel, da die meisten der Proben aus Italien stammten (die drei vermeintlichen extra nativen Öle des italienischen Marktführers Cara-

7 Tom Muellers Buch *Extra Virginity* trägt nicht von ungefähr den Untertitel *The sublime and scandalous world of olive oil*. Er charakterisiert den nordamerikanischen Olivenölmarkt unter anderem so: »The United States of America is an oil criminal's dream.«

pelli waren bei dieser Gelegenheit erneut beanstandet worden). Im Gegensatz dazu erwies sich nur eine der drei Proben spanischer Provenienz – alle von der Marke Star (wie Carapelli Eigentum des führenden spanischen Ölmultis SOS) – als fehlerhaft.

Die spanische Ölindustrie konnte dies nicht sonderlich lange feiern. Eine von der Regionalregierung Andalusiens – der Region, die ein Drittel des weltweit gehandelten Olivenöls herstellt – fast zeitgleich anberaumte Untersuchung (Oktober 2010) kam zu dem Ergebnis, dass 14 von 25 Proben (das heißt 56 Prozent) extra nativen Öls, gekauft in 50 Lebensmittelgeschäften in Córdoba und Jaén, eine ebensolche Mogelpackung waren. In zehn Fällen war das Öl gerade einmal *vergin*, in vier Fällen sogar aus qualitativ niedrigeren Kategorien. Dieser neue Skandal löste ein gehöriges Medienecho aus und wurde von einer der führenden spanischen Tageszeitungen, *El País*, sowie anderen Medien intensiv analysiert.

Bedenkt man, dass Italien und Spanien zusammen den Weltmarkt des extra nativen Olivenöls beherrschen, ist die Schlussfolgerung so klar wie unvermeidlich: Die Verbraucher haben in der Tat handfeste Gründe für ihre dauerhafte Skepsis in Bezug auf das Angebot an extra nativen Ölen.

VON DER ANONYMEN FLASCHE ZUM KULT-ÖL

Es scheint klar zu sein, dass das extra native Olivenöl dringend einer wahren Revolution bedarf, um seine Glaubwürdigkeit zurückzugewinnen. Die nächsten notwendigen Schritte ähneln meiner Meinung nach überraschend jenen, die man im oberen Segment des Weinmarkts in den letzten drei Jahrzehnten gegangen ist. Es sind folgende:

a) Technologische Revolution

Das extra native Olivenöl wurde in der zweiten Hälfte des 20. Jahrhunderts moderner hergestellt – aber allein mit dem Ziel, eine größere Menge Öl bei niedrigeren Kosten zu gewinnen.

So wurden die alten Steinmühlen nach und nach durch solche aus Edelstahl und Mischer ersetzt. Die Extraktion und die anschließende Trennung des Öls vom Wasser mittels mechanischer Pressen und Absetzbehältern wurde – qualitativ von großem Vorteil – gegen Zentrifugen oder Dekanter mit Elektromotoren ausgetauscht, obwohl viele Gastro-Kritiker zu Recht noch immer die handwerklichen toskanischen Olivenöle aus den Steinmühlen bevorzugten und empfahlen. Seit 1997 forschten unter Leitung Marco Mugellis die toskanische Handelskammer und die Universität von Florenz an den Technologien der Ölproduktion und wandte die Forschungsergebnisse in einigen Ölmühlen kleiner Betriebe an. Die Ergebnisse bewiesen, dass der »produktivistische« Ansatz aus einem ganz bestimmten Grund nicht mehr zeitgemäß ist: Er verursacht die fast gänzliche Zerstörung der in den Oliven enthaltenen Antioxidantien. Es ist von jedem beliebigen Standpunkt aus betrachtet vollkommen inakzeptabel, eine Pressmethode weiterzuverwenden, die die extra nativen Öle der Grundlage ihrer geschmacklichen Qualität, ihrer Lagerungsfähigkeit, ihrer gesundheitlichen Vorzüge beraubt!

Wie wir gesehen haben, erzielte dagegen bei Wein die seit Jahrzehnten allgemein übliche Verwendung antioxidativer Systeme während der Herstellung, Reifung und Abfüllung ein spektakuläres Wachstum auf dem Markt – bezogen auf die Menge und den Umsatz. Im Gegensatz dazu wird in der verwandten Branche des extra nativen Olivenöls bisher kaum eine antioxidative Technologie eingesetzt. Dabei würde sie erlauben, Öle mit einem zwei- bis fünfmal so hohen Anteil an Antioxidantien herzustellen. Momentan werden am Markt Öle mit etwa 200 mg Biophenole pro Kilo angeboten, ein hochwertiges kommt auf höchstens 300 mg/kg. Das ist erstaunlich, denn auch die sensorische Bewertung der extra nativen Öle mit hohem Biophenolgehalt durch Experten fällt ingesamt besser aus.

Wir stehen vor einer historischen Weichenstellung bezüglich der Olivenölgewinnung: Nach über 5000 Jahren oxidativer Extraktion bietet sich uns heute die Möglichkeit, ein in jeglicher Hinsicht besseres Produkt herzustellen. Der Markt verlangt nach solch einem Produkt, die weltweite Nachfrage wird zukünftig sehr ansteigen, und somit bietet sich allen Produzenten echten extra nativen Olivenöls eine geradezu historische Chance. Wie bei fast jeder innovativen Technologie, die noch am Anfang steht und deren Anwendung neue Horizonte eröffnen wird, werden die Betriebe, die sich früh ihrer annehmen, einen deutlichen Vorteil in dieser Renaissance des Olivenöls genießen.

Die Zahl der mit antioxidativer Technologie ausgestatteten *almazaras* oder *fattorie*, angefangen mit kleinen, avantgardistischen Mühlen (den *finca-* oder *pago*-Mühlen), muss daher exponentiell während der nächsten Jahrzehnte steigen, um den noch immer in erdrückendem Maß vorherrschenden produktivistischen Ansatz abzulösen.

b) Handelsstrategie

Produktion, Vertrieb, Lagerung und Dienstleistungen rund um die neuen Super-Olivenöle – ich nenne sie extra nativ plus – sollten sich in Zukunft dringend ähnlicher Systeme und Abläufe bedienen, wie sie im Bereich der hochwertigen Weine heute üblich sind.

Wie bei eben erwähnten Weinen wird man die großen extra nativen plus Öle (entsprechend den Kategorien *super premium, ultra premium* und *icon*) zum größten Teil auf *fincas* oder *pagos* mit privilegierten klimatischen und geologischen Bedingungen herstellen und abfüllen. Die auf einer Vielfalt von Lagen und Sorten basierenden Pflanzungen garantieren das perfekte Ausgangsmaterial einer Ernte in Etappen, die sich am jeweils optimalen Erntezeitpunkt der Oliven und Parzellen orientieren.

Das Management eines Elitebetriebs – der die Marktsegmente *premium* und darüber anpeilt – muss sich stets für Qualität und gegen Ertrag entscheiden. Folglich werden Bewässerung, Düngung, Baumschnitt und -behandlung sowie Ernte ganz auf dieses Ziel hin ausgerichtet sein, besonders jedoch auf die Optimierung des Gehalts an Biophenolen, Tocopherolen und Squalen in den Oliven abzielen sowie auf den schonenden und auf Nachhaltigkeit bedachten Umgang mit den natürlichen Ressourcen.

Die Mühlenbetriebe sowohl großer Unternehmen und Genossenschaften wie auch kleinerer und mittlerer Betriebe müssen in jeder Phase des Prozesses antioxidativ arbeiten. Ihr Ziel muss es sein, die größtmögliche sensorische Qualität und den höchsten Gesundheitswert zu erreichen; beides basiert auf dem Gehalt der Biophenolen. Bislang zeigte sich, dass wir mit ultramodernen Methoden ein Olivenöl mit zwei- bis dreifach höheren Mengen von Antioxidantien erreichen können. Aber das ist erst der Anfang. In den Oliven steckt noch viel mehr Potenzial!

Es werden dann auch neue, genaue Kennzeichnungsvorschriften für die kommende Generation des extra nativen plus Öls notwendig sein, die präzise darüber Auskunft geben müssen, wie hoch der Gehalt und die Gesamtzusammensetzung des Öls an Biophenolen und anderen Antioxidantien ist. Als Öle mit hohem Antioxidantiengehalt sollten nur die

Öle gelten, die den Wert von 400 mg/kg an Biophenolen überschreiten. Dieser Schwellenwert könnte in Zukunft erhöht werden, wenn, was wahrscheinlich ist, die Anbau- und Extraktionssysteme in den kommenden Jahrzehnten in neue Bereiche vorstoßen.

Die Verpackung muss einen vollständigen Schutz gegen UV-Strahlen gewährleisten – wie etwa die klassischen Behälter aus Blech und neuere aus Edelstahl oder Flaschen aus schwarzem Glas.

Die Lagerungsbedingungen auf den notwendigen Transportwegen – einschließlich der letzten Stationen, Restaurant oder Küche beim Endverbraucher – sollten möglichst ideal sein: Temperaturen von 14 bis 20 °C und lichtgeschützt. So sind die heute immer häufiger anzutreffenden Weinklimaschränke eine ideale Lösung, um ein Top-Olivenöl zu lagern, ganz gleich ob im Handel, in Restaurants oder zuhause.

Der Marktpreis für extra natives Öl wird nach Jahren der Stagnation endlich steigen – sobald der Verbraucher wieder Vertrauen zu diesem Lebensmittel gefasst hat. Einfache Ölqualitäten wie natives oder raffiniertes Olivenöl werden dagegen Billigware bleiben.

Die großen Terroirs des extra nativen Öls werden vermutlich berühmt werden, die Nachfrage wird steigen und folglich auch ihr Marktpreis. Der höhere Preis wird zum Teil durch eine wesentlich längere Haltbarkeit und einen deutlich höheren kulinarischen und diätetischen Wert als bei herkömmlichem Olivenöl aufgewogen, das dann freilich einen Großteil des Angebots ausmachen wird.

Glücklicherweise halten die meisten, häufig kleineren Produzenten echter extra nativer Öle an ihrem Ehrgeiz fest, mit jeder neuen Ernte ein besseres Olivenöl zu präsentieren – trotz des absolut unlauteren Wettbewerbs durch die lächerlich preiswerten gefälschten pseudo-extra nativen Öle in den ungekennzeichneten Flaschen im Restaurant oder den Regalen der Supermärkte.

Obwohl die Wertungen und Punktzahlen der Experten nicht immer übereinstimmen, erfüllen die im Folgenden vorgestellten Olivenöle alle Forderungen und Maßgaben der Exzellenz, die man an ein Produkt stellen kann, das das Präfix *extra* verwendet.

ITALIEN

Die nachfolgenden Hersteller stehen für Top-Qualität und eine typisch italienische Tradition im besten Sinne, die bei Wein und Olivenöl bereits seit vielen Jahren Exzellenz bedeutet. Sämtliche Produzenten haben eng mit Marco Mugelli zusammengearbeitet und die Fortschritte des sich stetig weiterentwickelnden antioxidativen Herstellungsverfahrens übernommen. Sie schaffen ein extra natives Öl von höchster organoleptischer und gastronomisch-kulinarischer Qualität und mit vollkommen eigenständigem Profil – eine wesentliche Stärke der *pago*-Öle – sowie einem hohen Gehalt an Biophenolen.

Azienda Agrìcola Olio Toniolli

Im Trentino, nahe dem Gardasee gelegen, produziert die Familie, vertreten durch Silvia Toniolli und Sohn Stefano, seit 1931 nun schon in dritter Generation ein extra natives Öl, das die Marke von 600 mg/kg an Antioxidantien übersteigt.

Azienda Agrìcola Comincioli

Die Familie baut auf gerade einmal 10 Hektar Land vor allen Dingen die lokale Olivensorte *Casaliva* an. Das extra native Öl der Ernte 2011 erreicht fast 700 mg/kg an Polyphenolen.

I Greppi di Silli

Familie Alfani bearbeitet seit 1934 diese kleine, zwischen Florenz und Siena gelegene *azienda*, in deren Baumbestand sechs Olivensorten vertreten sind: *Leccino, Pendolino, Moraiolo, Madonna dell'Impruneta, Frantoio* und *Leccio del Corno*. Die Alfanis machen auch einen Wein mit dem faszinierenden Namen *Proxima Saecula* (›Kommendes Jahrhundert‹) und nicht weniger als vierzehn verschiedene Honige (Millefiori, Akazie, Bitteresche, Distel, Erdbeerbaum, Erika, Kastanie, Sonnenblume, Mittelmeer-Brombeere, Efeu, Waldmelasse, Süßklee, Luzerne und Eukalyptus).

Das extra native Öl der Ernte 2011 erreicht 715 mg Biophenole und 283 mg Tocopherole, das heißt, praktisch 1000 mg/kg an Antioxidantien.

Fattoría Il Melograno

Mitten im Chiantigebiet von Florenz, auf etwa 300 Metern Höhe gelegen, seinerzeit von Alessandro Ronconi gegründet, wird Il Melograno mit großer Leidenschaft von seiner Tochter Valeria geleitet, die Marco Mugelli im Jahr 1986 kennenlernte, jenem Horror-Winter, der große Teile der toskanischen Olivenhaine zerstörte. Sie produziert – auf Basis einer ein Vierteljahrhundert währenden Freundschaft zu Marco Mugelli und seinen Ratschlägen – reinsortige Öle aus *Frantoio, Leccino* und *Moraiolo* sowie eine Cuvée aus diesen Sorten und, nur für die wirklich anspruchsvollen Liebhaber, eine aus *Pendolino* und *Leccio del Corno*.

Frantoio Oleario Gabrielloni E. & G.
Dieses kleine, 7 Hektar umfassende Anwesen liegt bei Montefiore dell'Aso in den Marken. Angebaut werden hier u. a. die Sorten *Leccino* (60 Prozent), *Frantoio, Ascolana, Coroncina, Orbetana*. Das elegante extra native Öl *Laudato* gehört zu den besten Ölen Italiens.

Azienda Agrìcola Buonamici
In Fiesole, nahe Florenz gelegen, liegt dieser – auf toskanische Verhältnisse bezogen – bedeutende Olivenhain von 120 Hektar Größe in etwa 350 Metern Höhe.

Crudo
Das sehr gute Olivenöl der Brüder Schiralli, das von auf 20 Hektar steinigem Grund an der Mittelmeerküste bei Bari gepflanzten Olivenbäumen stammt, gewann jüngst in Los Angeles eine Goldmedaille, die sie dem Andenken Marco Mugellis widmeten. Der Polyphenolgehalt des Öls liegt bei 572 mg/kg, die Tocopherole erreichen einen Wert von 274 mg/kg.

La Ranocchiaìa
Der Nachbarhain der berühmten *azienda* Torre Bianca ist Eigentum von Gianluca Grandis, einem engen Freund und Mitstreiter der Familie Mugelli und erreichte 2011 mit seinem extra nativen Öl 560 mg/kg an Biophenolen.

SPANIEN

Zunächst werden wir die anderen vier Ölproduzenten im Verband *Grandes Pagos de Olivar* (GPO) vorstellen – unser Projekt *Marqués de Griñón* wurde zur Genüge beschrieben –, die über drei sehr unterschiedliche Regionen im Norden und Südosten Spaniens verteilt sind: Navarra, Katalonien und Extremadura.

Hacienda Queiles

Eigentum des Architekten Alfredo Barral, des Präsidenten der GPO, das über 50 Hektar semiintensiv bearbeiteter *Arbequina*-Haine und eine erstklassige Mühle in nächster Nähe von Tudela im Ebro-Tal (Navarra) umfasst.

Dauro

Eigentum der Familie Rottlan/Daurella, ein Schwesterunternehmen des berühmten Weinguts Roda. Dauro war Gründungsmitglied der GPO und ist eines der berühmtesten extra nativen Öle Spaniens. Auf 110 Hektar semiintensiv und superintensiv bewirtschafteten Olivenhainen wachsen hier in der Region Ampurdán (Lérida), nicht sonderlich weit entfernt von Ferran Adriàs weltberühmten Restaurant El Bulli, *Arbequina* (90 Prozent), *Hojiblanca* (5 Prozent) und die griechische Sorte *Koroneiki* (5 Prozent). Es gibt zwei Sorten des Öls Dauro: *Dauro de l'Emporda* wird hier gewonnen. Auf Mallorca besitzt das Unternehmen ebenfalls Olivenhaine, das daraus gewonnene Öl wird als *Dauro de Aubocassa* verkauft.

Marqués de Valdueza

Die Olivenhaine der Familie von Alonso Álvarez de Toledo, Marqués de Valdueza, liegen unweit von Mérida am Guadiana. Auf etwa 200 Hektar werden die regionale Olivensorte *Morisca* (40 Prozent) sowie *Arbequina* (25 Prozent), *Hojiblanca* (20 Prozent) und *Picual* (15 Prozent) angebaut, allerdings auf der *finca* selbst nur eine Auswahl des von besten Oliven stammenden Öls abgefüllt.

La Boella

Jordi Miarnau, Dreh- und Angelpunkt einer bedeutenden Unternehmensgeschichte, gilt mit seinen in heckenartiger Wuchsform gepflanzten *Arbequina*-Bäumen weltweit als Pionier des superintensiven Anbaus. Später hat er dann jede zweite Heckenreihe entfernen lassen, um die Qualität zu steigern. Seine Haine liegen in der Nähe von Tarragona (Katalonien) und verfügen über eine eigene Mühle, wie alle übrigen Mitglieder des Verbands *Grandes Pagos de Olivar*.

Nachfolgend seien weitere große extra native Öle vorgestellt, die von spanischen *pagos* oder *fincas* stammen.

Castillo de Canena

Seit 1780 stellt die Familie Vaño – derzeit vertreten durch Rosa Vaño – hochwertige Olivenöle im Schatten der Burg her, deren Namen das Anwesen trägt. Obwohl sie über beeindruckende 1500 Hektar Olivenhaine verfügen, füllt man hier nur reinsortige Öle aus *Royal*, *Arbequina* und *Picual* ab, wovon das aus besonders früher Pflückung stammende *Royal Temprano* das bemerkenswerteste sein dürfte.

Fuenroble

In der wunderschönen *Denominación de Origen* Sierra del Segura (Provinz Jaén), mitten in einem Naturpark gleichen Namens gelegen, hat sich diese *finca* gänzlich auf die Sorte *Picual* verlegt, aus der sie intensiv grüne, weltweit prämierte Öle allerhöchster Qualität gewinnt.

Oro Bailén

Ebenfalls in Jaén gelegen und ganz auf die Sorte *Picual* konzentriert, produziert diese *finca* auf 100 Hektar unter der Leitung von José Gálvez hervorragende Öle mit einem Gesamtvolumen von 87 000 Litern, wovon eines unter anderem mit dem Preis des Wettbewerbs Flos Olei 2012 für das beste *extra vergine* des Jahres im Verhältnis Qualität und Menge prämiert wurde.

Pórtico de la Villa

Diese in der *Denominación de Origen* Priego de Córdoba gelegene *finca* von 150 Hektar gehört Manuel Montes Marín. Er produziert hier ein exzellentes Olivenöl auf Basis der Sorten *Hojiblanca* (60 Prozent) und *Picudo* (40 Prozent).

Schließlich wollen wir noch extra native Öle erwähnen, die ein hohes Maß an Qualität durch den mit Bedacht getätigten Zukauf von Oliven ausgewählter hervorragender Erzeuger erreicht haben.

LA Organic

Pedro Gómez de Baeza, ein angesehener Geschäftsmann und Banker, wählt auf seiner *finca* La Amarilla nahe der wunderschönen Stadt Ronda (Provinz Málaga) aus dem Besten verschiedener Bio-Olivenhaine aus, deren Gesamtfläche sich auf 564 Hektar in verschiedenen Zonen Málagas und der benachbarten Provinz Córdoba beläuft.

LA Organic ist Gründungsmitglied des *Círculo Fortuny*, einer Vereinigung der hervorragendsten Unternehmen Spaniens. Sein exzellentes extra natives Öl kann auf Iberia-Flügen und in Feinkostgeschäften in der ganzen Welt verkostet werden.

Rincón de la Subbética

Francisca Serrano Osuna leitet in der Provinz Córdoba eines der führenden Unternehmen in Andalusien und damit der Welt, das sich der Produktion und Vermarktung des Olivenöls widmet: 4000 genossenschaftlich organisierte Familien produzieren jährlich 120 000 Hektoliter Olivenöl, mit welchem sie Francisca Serrano Osuna beliefern.

Das nach strengen Kriterien ausgewählte *Hojiblanca*-Öl gehört zweifellos zu den besten extra nativen Ölen Spaniens und gewann mehrfach den OLIO AWARD des *Feinschmecker*.

Cladivm

Die Gruppe Aroden vereint 32 Mitglieder und 1265 Hektar Olivenhaine in der *Denominación de Origen* Priego de Córdoba, die zusammen 32 000 Hektoliter Olivenöl produzieren. Das Kronjuwel ihrer Produktion *Cladium Hojiblanca* gehört ebenfalls zu den großen extra nativen Olivenölen Andalusiens und damit der Welt.

EPILOG

Ein entscheidender Faktor der Umwälzungen, von der die Weinindustrie so viel profitiert hat, ist die Verbreitung einer Kultur des Weins durch echte Meinungsführer – angefangen von international anerkannten Weinkritikern über ein eindrucksvolles Heer junger begeisterter Sommeliers, die nicht nur die Weinkarten der Restaurants komplett umgekrempelt, sondern den Blick wieder auf das Wesentliche gerichtet haben: Qualität, Terroir und den korrekten Preis dafür.

Die Sommeliers sind daher auch die geeigneten Profis für die Verbreitung einer Kultur des Olivenöls. Neben der Zusammenstellung einer Karte extra nativen Öls, deren Auswahl mit den verschiedensten Gerichten des Hauses harmoniert, sollten sie ihren Kunden die Möglichkeit geben, die verschiedenen Öle zu probieren, damit diese sich mit den Aromen und geschmacklichen Ausprägungen des jeweils angebotenen Olivenöls (in entsprechend geeigneten Gläsern) vertraut machen können.

Das extra native Olivenöl ist heute, von wenigen ehrenvollen Ausnahmen abgesehen, Lichtjahre entfernt von einem informierten und gebildeten Umgang, wie er mir vorschwebt und der so viel zu seinem Genuss beitragen könnte. Glücklicherweise wächst die Zahl von Restaurants in Italien, Spanien, Großbritannien, den Vereinigten Staaten und anderen Ländern, die authentische extra native Markenöle anbieten und zum Teil sogar über eine ansprechende Ölkarte verfügen. Es ist daher u. a. unerlässlich, dass Gastro-Kritiker die Qualität des jeweiligen Angebots an Öl in den Restaurants in ihre Bewertung mit aufnehmen.

DIE ANONYMEN EXTRA NATIVEN ÖLE

Jedes Haus und erst recht jedes Gourmet-Restaurant sollte in seinem Weinschrank oder -keller verschiedene extra native Olivenöle, abgefüllt in schwarzen Flaschen oder kleinen Blechdosen, in Reserve halten.

Die meisten Restaurants stellen auf ihre Tische anonyme Ölflaschen, in kleinen Karaffen oder Menagen. Das ist, wie beim Wein, absolut inakzeptabel. Würden Sie sich mit anonymem Wein im Glas zufrieden geben? Sollte dem Verbraucher so etwas angeboten werden, sollte er sofort vom Sommelier oder dem Maître d'hôtel verlangen, dass er dieses anonyme Produkt (in der Regel ein raffiniertes Olivenöl) gegen ein anderes, mit Namen und nachvollziehbarer Herkunft versehenes Produkt austauschen möge. Wenn er, was häufig geschieht, antwortet, dass er kein anderes habe, sollte dieses Restaurant nicht mehr frequentiert werden.

Wenn er dem Verbraucher jedoch ein echtes extra natives Öl anbietet, so sollte dieser sich ruhig trauen, es, wie in Kapitel 6 beschrieben, zu verkosten – wie es auch beim Wein geschehen würde. Des Respekts des Sommeliers oder Maître d'hôtels kann man sich sicher sein.

Ich möchte dazu beitragen, dass das extra native Olivenöl – gestützt auf eine Revolution in technologischer, qualitativer und diätetischer Hinsicht und einer überfälligen Informationskampagne, die es beträchtlich attraktiver machen wird – sein trauriges Image als Massenprodukt mit dürftiger Glaubwürdigkeit endgültig abschüttelt. Als Schlüsselelement der mediterranen Diät – heute Weltkulturerbe – muss es in den verdienten Mittelpunkt des Interesses einer neuen Olivenöl-Kultur rücken.
Das und nichts anderes ist das Ziel dieses Buchs.
Seine Leser haben jetzt das Wort.

Carlos Falcó, im März 2012

DANKSAGUNG

Ich danke:

- ❧ meinen Kindern Manuel, Xandra, Tamara, Duarte und Aldara, die mich, seit sie denken können, unterstützen und meine Leidenschaft für Exzellenz teilen.

- meinem Großvater Joaquín Fernández de Córdoba, Herzog von Arión, der mich in die Kunst des Olivenanbaus und der Herstellung von Olivenöl einweihte.
- meiner Frau Fatima de la Cierva für ihre große Hilfe und Unterstützung bei unseren Olivenölprojekten, besonders OLEUM, seit Anfang an.
- meiner Literaturagentin Carmen Balcells, die mich mit ihrer außerordentlichen Autorität und ihrem Renommee in der Literatur- und Verlagswelt von Anfang an ermutigte und beriet, um das Buch erfolgreich zu Ende zu führen.
- Günter Berg, Verlagsleiter von Hoffmann und Campe, der ebenfalls dieses Projekt von Anfang an unterstützte und die Geduld besaß, acht lange Jahre darauf zu warten, sowie
- Annett Böhme, Lektorin bei Hoffmann und Campe.
- Kersten Wetenkamp, leitendem Redakteur und Verantwortlichen in Sachen Olivenöl des Magazins *Der Feinschmecker*, für seine Hilfe und seinen Rat.
- Fernando Caruncho, dem großen spanischen Landschaftsarchitekten, der an diesem Buch mit einer wunderschönen Reflexion über das Wesen von Olivenbaum und Landschaft mitwirkte.
- José Luis Botella, bedeutender Fotograf und Freund, der uns bis nach Anasaraki (Kreta) begleitet hat, um dort einen dreitausendjährigen Olivenbaum mit seiner Kamera zu verewigen. Er ist der Urheber aller Bilder von meiner Familie und mir, die den Text begleiten.
- Janinne Girod, Xandras Mutter, für ihr großartiges Bild des Schlosses von Malpica de Tajo.
- Tom Mueller, Autor von *Extra Virginity – The sublime and scandalous world of olive oil*, einer hervorragenden Verteidigung des authentischen extra nativen Olivenöls und gleichzeitig einer wohldokumentierten, unerbittlichen Anklage gegen die betrügerischen Machenschaften der Olivenölmafia.
- Mohammed Ouhmad Sbitri, Executive Director des International Olive Council (IOC) und seiner Mitarbeiterin Mercedes Fernández Albaladejo, Chefin der Olive Oil Chemistry and Standardization Unit, die mir umfangreiches Material aus den Veröffentlichungen und Archiven des IOC zukommen ließen sowie Kontakte nach Syrien, Marokko und anderen Ländern herstellten.

- der Archäologin Habib Wissam und Professor Paolo Matthiae für eine wunderbare Expedition zu den Ursprüngen des Olivenanbaus in Idlib und denen des Öls in Ebla (Syrien) im April 2008.
- José Remesal, Professor für Alte Geschichte an der Universität Barcelona, der so freundlich war, mich auf meiner Reise zum Monte Testaccio (Rom) zu begleiten, wo er die Grabungen seit zwei Jahrzehnten kenntnisreich leitet.
- Rafael Enamorado, Professor für Lebensmitteltechnik an der Polytechnischen Universität Madrid, der mir umfassende und interessante Informationen zu den pflanzlichen Fetten zur Verfügung stellte.
- Iñigo Valdenebro, der an unser Olivenanbau-Projekt glaubte und half, es zu ermöglichen.
- Giorgio Mori, Mitarbeiter von Marco Mugelli und Hersteller von Extraktionsmaschinen für die Herstellung großer, extra nativer *pago*-Öle.
- Matteo Mugelli, einem würdigen Nachfolger seines Vaters Marco, für seine Mitarbeit an diesem Buch und für seine Beratung bei der Produktion unseres extra nativen Olivenöls.
- der Firma Alfa Laval, Hersteller der Mahl- und Extraktionsmaschinen der ersten kommerziellen antioxidativ arbeitenden Ölmühle (2002).
- Fabrizio Possenti Castelli und dem Unternehmen Pieralisi S. p. A., dem führenden Hersteller von Mahl- und Extraktionsmaschinen für Olivenöl, für die Sammlung von Bildern, die die Entwicklung dieser Technologie in ihrem jahrtausendewährenden Verlauf widerspiegelt.
- Marco Oreggia und Laura Marinelli, deren berühmter Führer *Flos Olei* über die besten extra nativen Öle der Welt mir von großem Nutzen war.
- dem Agraringenieur Mario Beltrami, der mir interessantes Material über seine Erfahrungen als Berater im chilenischen Olivenanbau zur Verfügung stellte.
- M. Carmen González, die während der letzten acht Jahre der Erarbeitung und Entstehung des endgültigen Texts und seiner Bebilderung unzählige Stunden gewidmet hat.

ANHANG 1

ERGÄNZUNGEN ZU ›MEIN WEG ZU WEIN UND OLIVENÖL‹

Klassifizierung von Olivenöl

Die Europäische Union regelt den Verkauf, die Angaben auf dem Etikett und weitere Details des Handels mit Olivenöl. Die Einteilung des Öls in Kategorien wurde 2008 verändert und vereinfacht. (EG 640/2008)

I. Natives Olivenöl extra

Erste Güteklasse, direkt aus Oliven ausschließlich mit mechanischen Verfahren gewonnen (die Temperatur der Pressung darf 28 Grad Celsius nicht überschreiten).
Anteil an freien Fettsäuren (berechnet als Ölsäure): max. 0,8 g pro 100 g Öl.
Fehlerfrei in Geruch und Geschmack.
Die freien Fettsäuren oder die Ölsäure entsteht in den Olivenfrüchten und steigt je nach Reifegrad und Weiterbehandlung. Je niedriger dieser Wert, desto besser ist die Olivenöl-Qualität, da eine hohe Ölsäure zugleich Kennzeichen von überreifen und oxidierten Oliven ist.

II. Natives Olivenöl

Direkt aus Oliven ausschließlich mit mechanischen Verfahren gewonnen. Anteil an freien Fettsäuren (Ölsäure): max. 2 g pro 100 g Öl. Es dürfen Fehler in Geruch und Geschmack auftreten.

III. Olivenöl
Besteht aus raffiniertem Olivenöl und nativem Olivenöl (Anteil nicht vorgeschrieben, üblich sind 1–2 Prozent).

Zunächst hergestellt wie native Olivenöle. Anteil an freien Fettsäuren (berechnet als Ölsäure) max. 1 g je 100 g Öl. Entspricht das gepresste Olivenöl nicht den Anforderungen für native Olivenöle, wird es raffiniert – wie die meisten Pflanzenöle – und wieder mit würzigem Olivenöl vermischt.
Neutral im Geschmack und praktisch ohne Olivenöl-Charakter.
Aus dem Restöl des gepressten Olivenbreis wird in einem völlig anderen Herstellungsverfahren Oliventresteröl hergestellt, das auch als solches auf dem Etikett bezeichnet werden muss.

IV. Oliventresteröl
Enthält ausschließlich Öl aus der Behandlung von Oliventrester und direkt aus Oliven gewonnenes Öl. Anteil an freien Fettsäuren (berechnet als Ölsäure) max. 1 g pro 100 g Öl.

Zum Olivenöl *Marqués de Griñón Oleum Artis*
Pago Marqués de Griñón ist ein Familienbetrieb, der sich auf die Produktion großer *pago*-Weine und -öle konzentriert.

Sein extra natives Olivenöl stammt aus einem Olivenhain im historischen Señorío de Valdepusa, wo die Familie Falcó Fernández de Córdoba seit mehr als sieben Jahrhunderten Wein und (EG) 640/2008 Oliven produziert, einen Steinwurf von dem ersten Weinberg, den die spanische Regierung sowie die EU als eigene *Denominación de Origen de Pago* anerkannt haben.

Es handelt sich hierbei um einen semi-intensiv bewirtschafteten Olivenhain, dessen Bestand von 36 000 Bäumen sich aus 60 Prozent *Picual* und 40 Prozent *Arbequina* zusammensetzt. Er umfasst eine Fläche von 120 Hektar auf steinigen Lehmhügeln und wird durch ein fortschrittliches System zur kontrollierten Defizitbewässerung versorgt.

Die Ölmühle, die weltweit erste ihrer Art mit antioxidativer Technologie, steht auf dem Landgut selbst und wurde 2002 von Marco Mugelli entworfen. Während der Kampagnen der letzten zehn Jahre implementierte Mugelli die jeweils neuesten technischen Weiterentwicklungen bzw. Erkenntnisse, die er aus seiner Arbeit in der eigenen experimentellen Mühle von Torre Bianca in Zusammenarbeit mit der toskanischen

Handelskammer und der Università degli Studi di Firenze gezogen hatte.

Das *Marqués de Griñón Oleum Artis* ist eine Coupage aus 60 Prozent *Arbequina* und 40 Prozent *Picual*, die zum ersten Mal 2003 auf dem Markt vorgestellt wurde. Die extra nativen *Marqués de Griñón Selección Especial* bestehen jeweils aus *Picual* und *Arbequina* und das *Marqués de Griñón* Duo ist eine Cuvée mit hohem *Arbequina*-Anteil (90 Prozent).

Unsere technischen Neuerungen:
Nach der erstmaligen Einführung von vertikalen Rührmaschinen mit einem ausgeklügelten System zur Betriebssteuerung der Temperatur der Paste und des Öls, der Drehzahl und Drehmoments jeder Maschine sowie fortschrittlicher Reinigungs- und Lagerungsabläufe in inertisierten Stahltanks gliederten wir nach und nach neuentwickelte Gerätschaften wie Zerkleinerer von Oliven, die die anfänglichen, mit Stahlhämmern ausgerüsteten Mahlwerke ersetzten oder Vakuum- und Inertisierungsanlagen für die Rühr- und Zentrifugierphase.

Die Bedienung der neuen Ölmühle wurde auch an die neuen Erkenntnisse aus den Forschungen Mugellis angepasst, wie es der Fall bei der Rührdauer war, die schrittweise verringert wurde.

Auf landwirtschaftlicher Basis nahmen wir auch in den Olivenhain sämtliche auf digitaler Technologie basierenden Fortschritte auf: computergesteuerte Wetterstationen, auf der Leitfähigkeit des Bodens in verschiedenen Tiefen basierende Feuchte-Sensoren (C-Probes), Dendrometer, die wir zuvor in unseren Weinbergen getestet hatten, um Wasserstress-Signale zu messen – mit dem fast identischen Ziel, die organoleptische Qualität, Ausgewogenheit und den Gehalt der Polyphenole in den Oliven zu steigern. So wirkte sich der Einsatz kontrollierter Defizitbewässerung auf den Biophenol-Gehalt sehr positiv aus.

Ein anderer grundlegender Aspekt – die Lese und der Transport des Ernteguts zur auf demselben Gut gelegenen Ölmühle wurden merklich verbessert. Nach Prüfung verschiedener Methoden, wie der Pflückung per Hand mit Kämmen, wie sie in der Toskana praktiziert wird, die sich aber als zu langsam und beschwerlich entpuppte, entschieden wir uns für die Ernte mit batteriebetriebenen Rüttelmaschinen, was in einer deutlich höheren Qualität der Oliven – und damit des gewonnen Öls – resultierte.

Was den Transport der Oliven betrifft, wird jede Charge, die mehr als zwei Stunden vom Baum bis zur Mühle braucht, systematisch entfernt, um in Masse verkauft zu werden. Die Durchschnittszeit für diese Strecke liegt momentan bei sechzig bis siebzig Minuten.

ERGÄNZUNGEN ZU ›DER KÖNIG DER MEDITERRANEN DIÄT‹

Vitamin E

Vitamin E ist das Antioxidans schlechthin, vor allem, wenn es sich um das sogenannte alpha-Tocopherol handelt, da die übrigen Tocopherole (beta-, gamma-, delta-) vom Darm kaum aufgenommen werden können. Die im Olivenöl vorhandenen Tocopherole, deren Gehalt um ein Vielfaches mittels der neuen antioxidativen Extraktionstechnologien angehoben werden kann, sind alle vom Typ alpha-.

Das Vitamin E oder alpha-Tocopherol ist eine fettlösliche Verbindung, deren Wirksamkeit als Referenz für andere Antioxidantien verwendet wird (Angabe der oxidativen Kapazität in Trolox-Äquivalenten). Sein Gehalt in extra nativem Olivenöl lag bis vor wenigen Jahren bei eher niedrigen 20–50 mg/kg, kann aber auf bis zu 300 mg/kg oder mehr durch antioxidative Extraktionstechnologien gesteigert werden.

Polyphenole

Die Polyphenole umfassen eine heterogene Familie von fast 5000 organischen Molekülen. Ihre positiven Auswirkungen auf unsere Gesundheit basieren darauf, dass sie die Hauptquelle für Antioxidantien in unserer Nahrung sind.

Polyphenole entstehen durch sekundäre Stoffwechselprozesse in einigen Pflanzen, und dies mit sehr unterschiedlichen Zielsetzungen. Als Abwehr gegen herbivore Fressfeinde (mittels bitterem Geschmack, der vom Verzehr abhalten soll), für pathogene Angriffe, zur Bildung von Ligninen, die dem Stamm und den Ästen Festigkeit verleihen, als kolorimetrischer Anziehungspunkt für Vögel (sehr nützlich zur Bestäubung und Verteilung von Samen) oder sogar Wachstumshemmung konkurrierender Pflanzen.

Aus chemischer Sicht handelt es sich bei den Polyphenolen um Verbindungen von mindestens zwei direkt an einen aromatischen Ring gebundenen Hydroxylgruppen (–OH). Sie lassen sich wie folgt einteilen:

- Einfache Phenole: weit verbreitet in Lebensmitteln und Getränken, wie zum Beispiel das im Kaffee vorhandene Koffein.
- Tannine: reichlich in zur Lagerung bestimmten Rotweinen zu finden, denen sie Körper (Struktur) und einen großen Teil ihres Aromas, Geschmacks, ihrer Farbe und ihrer diätetischen Wirksamkeit verleihen.
- Flavonoide: bilden die umfangreichste Gruppe der Polyphenole, ebenfalls sehr wichtig für die Gesundheit.
- Wie bereits erläutert zerstören die Kochprozesse den größten Teil des Polyphenol-Inventars von Lebensmitteln, die daher vorzugsweise roh bzw. dampfgegart gegessen werden sollten.
- Die diätetischen Funktionen und Wirkungsweisen der Polyphenole sind vor allem folgende:
- antioxidativ: Sie schützen die Zellen vor Schäden durch freie Radikale aus unserem eigenen Stoffwechsel oder durch äußere Stressoren wie UV-Strahlung, Rauch (Tabak), emotionalen und physischen Stress, chemische Zusatzstoffe, Viren oder Bakterien.
- krebsvorbeugend: Sie wirken in einem entscheidenden Moment für unsere Gesundheit – dem Beginn der Krebserkrankung – als Inhibitoren und schützen die gesunden Zellen gegen die Angriffe karzinogener Zellen oder hemmen die Aktivierung letzterer, was die zahlreichen epidemiologischen Studien erklärt, die einen positiven Zusammenhang zwischen dem Verzehr von Lebensmitteln mit hohem Polyphenolanteil und geringerer Inzidenz von Krebserkrankungen der Haut, Lunge, Brust, des Magens, der Speiseröhre, des Zwölffingerdarms, der Bauchspeicheldrüse, der Leber und des Kolons (Grimmdarm) festgestellt haben.
- arteriosklerosevorbeugend: Zahlreiche Studien belegen auch diese Wirkungsweise, die die Oxidation schlechten Cholesterins (LDL) verhindert, das verantwortlich für Arteriosklerose und sämtliche Erkrankungen der Herzkranzgefäße, die Schlaganfälle, Thrombosen und andere koronare Störungen – der Haupttodesursache auf der Erde – verursachen können.
- gefäßerweiternd: Sie steuern Enzyme, die wichtige Zellfunktionen regulieren, wie die Synthese von Salpetersäure – einer stark gefäßerweiternden Substanz – oder die Hemmung der Synthese freier Radikalen, wozu andere Antioxidantien lipidischen Ursprungs, wie Vitamin E, nicht in der Lage sind.

- entzündungshemmend, antibakteriell und antiviral: Beispiele in dieser Hinsicht höchst interessanter Polyphenole sind folgende:
- Quercetin: kommt stark in Kapern, Zwiebeln und anderen Gemüsen sowie im Rotwein vor. Hemmt Thrombosen und Krebsgeschwüre.
- Resveratrol: das berühmteste der Rotwein-Polyphenole wird in der Traubenschale zur Abwehr von Pilzbefall gebildet und wirkt gegen Tumore und Viren.
- Isoflavone: kommen in Sojabohnen und Rotklee vor, steuern den Östrogen-Stoffwechsel und wirken vorbeugend gegen hormonabhängige Krebserkrankungen wie Prostatakrebs.
- Catechine: Polyphenole, die sich vor allem in Tee finden, von stark antioxidativer Wirkung, nachweislich krebsvorbeugend.

Zu den an Polyphenolen besonders reichen Lebensmitteln zählen: extra natives Olivenöl (aus antioxidativer Extraktion), Tee (vor allem Schwarz- und Grüntee), Kakao (in Schokoladen mit 70 Prozent Kakaoanteil), Waldfrüchte, Zitrusfrüchte, Kirschen, Granatäpfel, Knoblauch, Zwiebeln, Rettich, Kohl, Brokkoli, Tomaten und Trockenfrüchte wie Mandeln und Walnüsse. Allerdings sei darauf hingewiesen, dass der Gehalt an Polyphenolen sowie der anderer Nährstoffe je nach Anbauverfahren, Reifegrad und der Zeit, die zwischen Ernte (möglicherweise Verarbeitung) und Verzehr vergangen ist, beträchtlich schwanken kann.

Die Polyphenole, die das extra native Olivenöl enthält, befinden sich in einem natürlichen Zustand, ohne irgendwelchen Transformationsprozessen unterzogen gewesen zu sein. Um diese Tatsache zu betonen, werden sie als Biophenole bezeichnet, eine Begrifflichkeit die im Buch Anwendung findet.

Wie beim Rotwein – dessen reichhaltiger und vielfältiger Anteil an Polyphenolen und seine nachweislich therapeutische Wirkung den weltweiten Konsum haben in die Höhe schnellen lassen (aktuell wächst der Markt in über hundert Ländern stetig) – verdanken sich ein großer Teil der gesundheitsfördernden Eigenschaften des extra nativen Olivenöls dem Vorhandensein von Biophenolen (alle anderen Oliven- oder Keimöle enthalten so gut wie keine Biophenole), das kaum 2 Prozent aller Inhaltsstoffe ausmacht und sich in folgende Gruppen einteilen lässt:

a) Phenolsäuren und Derivate: dazu gehören Hydroxybenzoesäuren (Vanillinsäure, Gallussäure, Syringasäure), Hydroxyzimtsäuren (Kaffeesäure, Ferulasäure, Cumarsäure) und Protocatechusäure

b) phenolische Alkohole: Hydroxytyrosol, Tyrosol und Dihydroxy-Phenylethanol (DHPEA-EDA)
c) Corticosteroide: Oleoeuropein, Oleocanthal und Derivate
d) Harzderivate: Pinoresinol und Hydroxypinoresinol
e) Flavonoide: Apigenin und Luteolin

Unter den beschriebenen phenolischen Verbindungen ist die am stärksten antioxidative (dem Vitamin E überlegen) das Hydroxytyrosol, gefolgt von der Kaffeesäure, dem Oleoeuropein und dem Tyrosol.

Andere Biophenole im extra nativen Olivenöl sind ebenfalls von besonderem Interesse, wie zum Beispiel Oleocanthal, bei extra nativen Olivenölen mit einem hohen Anteil an Antioxidantien verantwortlich für die Schärfe am Gaumen. Ein in der renommierten Zeitschrift *Nature* von Forschern der Universität von Pennsylvania (USA) veröffentlichter Artikel belegte die dem Arzneistoff Ibuprofen ähnliche entzündungshemmende Wirkungsweise des Oleocanthals, der im Hals einen vergleichbaren (am Gaumen scharf-bitter) stechenden Reiz auslöst.

Tatsächlich konnte eine neuere Untersuchung (2011) den unmittelbaren Zusammenhang zwischen der Schärfe des extra nativen Öls im Mund und seinem Gehalt an Oleocanthal, und indirekt damit an Biophenolen, herstellen. Der Wirkmechanismus sowohl des Oleocanthals wie des Ibuprofens beruht auf dem hemmenden Effekt auf das Enzym Cyclooxygenase, das am Anfang der Prostaglandinsynthese steht. Beide Stoffe wirken also entzündungshemmend.

Die verschiedenen oben beschriebenen Gruppen können sich wiederum effektiv miteinander kombinieren. Zum Beispiel wurde jüngst eine Polyphenolverbindung, die sich aus der Gruppe der Oleoeuropeine (Gruppe c) und des Dihydroxy-Phenylethanols, oder DHPEA-EDA (Gruppe b)herleitet, als eines der wirkungsvollsten Antioxidantien des extra nativen Olivenöls identifiziert. Auch in sehr geringen Konzentrationen ist sie offenbar in der Lage, unsere roten Blutkörperchen gegen Angriffe freier Radikale zu schützen – für die Erstere besonders anfällig sind (da verantwortlich für den Transport von Sauerstoff in unserem Blutkreislauf).

Die portugiesische Wissenschaftlerin Fátima Paiva-Martins, die diese Studie leitete, schloss: »Nun, da wir die Bedeutung dieser Verbindungen erkannt haben, ist es an den Olivenöl-Produzenten, sich auf die Erhöhung des Polyphenolgehalts in ihren extra nativen Ölen zu konzentrieren.«[1]

Genau das ist das Ziel der neuen Extraktionstechnologien, die es ermöglichen, den durchschnittlichen Biophenol- und Tocopherolgehalt der momentan am Markt erhältlichen extra nativen Olivenöle um ein Vielfaches zu steigern.

In der Tat eröffnen die neuen extra nativen Olivenöle mit hohem Anteil an Antioxidantien im Bereich der Lebensmittel einen neuen Horizont, weil sie gegenüber allen anderen Nahrungsfetten, die noch immer 40 Prozent der Ernährung westlicher Länder ausmachen, formidable diätetische Vorteile bieten. Wenn man ihren Verzehr darüber hinaus in das System der mediterranen Diät integriert, statten wir uns täglich mit einem Arsenal an Antioxidantien aus, das wirkungsvoll und nachhaltig unsere Lebensqualität und Langlebigkeit beeinflussen wird.

BESTIMMUNG DES BIOPHENOLGEHALTS IN OLIVENÖL

Während der letzten Jahrzehnte erfolgte die Bestimmung des Biophenol-/Polyphenolgehalts im Labor nach zwei unterschiedlichen Verfahren, was für einige Verwirrungen sorgte, da die Untersuchungsergebnisse stark voneinander abwichen.

Das erste war die von dem Chemiker Arturo Cest entwickelte, sogenannte kolorimetrische Methode – da vergleichsweise einfach und in der Investition nicht sonderlich kostenintensiv lange Zeit die von Labors bevorzugte Variante.

Das zweite, weitaus präzisere Verfahren erfordert den Erwerb eines hochpräzisen analytischen Systems zur Hochleistungsflüssigkeitschromatographie (engl. *high performance liquid chromatography* – HPLC), das allerdings eine erhebliche finanzielle Investition darstellt. Dieses Verfahren ist das seit 2009 offiziell verbindliche des IOC (International Olive Oil Council), was das Ende der erwähnten Verwirrungen bedeutete. Die Ratifizierung durch die Europäische Union steht noch aus, wird aber in Kürze erwartet.

1 Paiva-Martins, F. u.a.: *Effects of olive oil polyphenols on erythrocyte oxidative damage.* In: Molecular Nutrition & Food Research, 53/5, S. 609–616.

Squalen
Das Squalen ist ein Triterpen, dessen Name sich von *squalus*, der lateinischen Bezeichnung für Haifisch, herleitet, in dessen Leberöl man seinerzeit die Substanz entdeckt hatte. Erst kürzlich entdeckte man, dass extra natives Olivenöl deutlich höhere Mengen an Squalen enthält als das aus Haifischleberöl stammende Extrakt.

Wissenschaftler wie H. L. Newmark[2], Rao[3] und andere halten fest, dass die Squalene zusammen mit Polyphenolen wie Hydroxytyrosol oder Tyrosol verantwortlich für den Rückgang von Krebserkrankungen in Zusammenhang mit dem Verzehr von extra nativen Olivenöl sind und dass die antioxidativen und antitumoralen Eigenschaften des EV präventiv auf Krebserkrankungen des Kolons oder der Brust[4] wirkt.

Eine aktuelle Studie der Universität von Jaén[5] analysiert das Thema und kommt zu einigen interessanten Ergebnissen:

- Der Squalengehalt in extra nativem Olivenöl ist weit höher als der der Polyphenole oder Tocopherole und könnte, vor allem in Olivenölen mit einem hohen Anteil von Biophenolen, eine Dosis von fast 8000 mg/kg erreichen, das heißt zehnmal höher als die der Biophenole.
- Die antioxidative Kapazität von Squalen ist mindestens doppelt so hoch wie die von Vitamin E, dem Referenz-Antioxidans. Wenn man es mit einem in der Chemotherapie eingesetzten Präparat, dem Adriamycin (Wirkstoff: Doxorubicin) kombiniert, potenziert es dessen zytotoxische Wirkung, das heißt verstärkt die Zerstörungen von Krebszellen.

Allerdings ist bisher noch nicht bewiesen, dass die antioxidative Wirkung von Squalen proportional zu seiner Konzentration steigt, wie dies bei den Biophenolen und Tocopherolen der Fall ist.

2 Newmark, H. L.: *Squalene, olive oil, and cancer risk: a review and hypothesis.* In: Cancer Epidemiology, Biomarkers & Prevention, 1997, 6/12, S. 1101–1103.

3 Rao, C. V. u.a.: *Chemopreventive effect of squalene on colon cancer*. In: Carcinogenesis, 1998, 19/2, S.287–290.

4 Owen, R. W. u.a.: *Olives and olive oil in cancer prevention*. In: European Journal of Cancer Prevention, 2004, 13/4, S. 319–326.

5 Warleta F. u.a.: *El Escualeno, componente minoritario del aceite de oliva, y su relación con el cancer.* In: I Congreso de la Cultura del Olivo, 2007.

Abschließend ist festzuhalten, dass, obwohl die Eigenschaften von Squalen noch wenig untersucht worden sind, jetzt schon deutlich ist, dass seine antioxidative Wirkung, die weit über der des mächtigen Vitamins E liegt, in hoher Konzentration einen bemerkenswerten Effekt auf die Gesundheit haben, wie im Fall von Krebserkrankungen schon nachgewiesen.

ANHANG 2

RATSCHLÄGE ZUM FINDEN HERVORRAGENDER EXTRA NATIVER OLIVENÖLE

Wie wir gesehen haben, erfüllt nur ein kleiner Teil der im Handel angebotenen extra nativen Olivenöle die EU-Richtlinien und die Vorgaben der amerikanischen Food and Drug Administration. Von den Olivenölen, die diesen Richtlinien entsprechen, ist nur ein kleiner, allerdings wachsender Anteil, von hoher kulinarischer und diätetischer Qualität und erreicht einen Polyphenolgehalt oberhalb der 400 mg/l.

Die nachfolgenden Empfehlungen und Hinweise sind als kleiner Wegweiser zu diesen Ölen und ihrem Genuss gedacht:

Informationsquellen

In Deutschland veröffentlicht der *Feinschmecker* seit zehn Jahren jährlich im Rahmen des OLIO-Awards – eines der wohl umfänglichsten Olivenöltests weltweit – einen exzellenten Führer der weltbesten Olivenöle, dessen Ergebnisse in den Juni-Ausgaben in gedruckter Form sowie unter www.olivenoeltest.de seit 2009 im Volltext einsehbar sind.

Auch gibt es die deutschsprachige Zeitschrift *Merum*. Sie ist auf italienisches Olivenöl und Wein spezialisiert und wird von dem Schweizer Andreas März herausgegeben.

Italien wartet mit dem sehr umfangreichen Öl-Guide *Flos Olei* des römischen Journalisten Marco Oreggia auf. Neben den vorgestellten Ölen bietet *Flos* auch umfangreiche Informationen zu Anbaugebieten und Aspekten im Olivenanbau. In italienischer und englischer Sprache abzurufen unter www.marco-oreggia.com.

Es existieren darüber hinaus einige Wettbewerbe, bei denen professionelle Kritiker die eingereichten extra nativen Öle bewerten.

Besonderes Interesse verdienen folgende:

- Ercole Olivario in Spoleto: www.ercoleolivario.net. Der bedeutendste Ölwettbewerb Italiens und wohl der Welt.
- Leone d'Oro der Mastri Oleari: www.mastrioleari.it
- Los Angeles International Extra Virgin Olive Oil Competition: www.laoliveoilcomp.com
- International Olive Oil Award Zürich: www.oliveoilaward.ch

Ich empfehle Ihnen, zu Hause Verkostungen mit Freunden zu veranstalten. Lassen Sie sich vor allem von den Aromen im Glas als Hauptkriterium für Ihre Auswahl leiten und vertiefen Sie diese Erfahrung dann am Gaumen. Wir hegen alle bestimmte Vorlieben, haben einen ganz eigenen, individuellen Geschmack und sind daher bestens in der Lage, das perfekte Öl für unsere Lieblingsspeisen auszuwählen.

Wo finde ich die besten extra nativen Olivenöle?

Die Antwort ist einfach: Sie finden sie in denselben Geschäften, wo Sie auch hochwertige Lebensmittel und Weine einkaufen – bei spezialisierten Fachhändlern, Delikatessengeschäften oder Supermärkten mit einem besonderen Gourmet-Schwerpunkt. Spezielle Hinweise finden Sie unter: www.olivenoeltest.de/bezugsquellen.

Verteuert sich mein Einkaufskorb dadurch erheblich?

Ich finde: nein! Sie müssen den Gegenwert bedenken, den Sie durch ein authentisches Olivenöl bekommen. Es mag fünfmal teurer sein als ein Öl, das nicht einmal den Namen Olivenöl verdient – aber dafür bietet Ihnen solch ein Öl ein Vielfaches mehr für Ihren Genuss und Ihr leibliches Wohl!

Ein durchschnittlicher Haushalt verbraucht in der Regel einen halben Liter Olivenöl in zwei bis maximal drei Wochen. Selbst wenn die Flasche Olivenöl 20 Euro gekostet haben sollte, kommen Sie bei diesem Betrag auf täglich sehr erträgliche und letztlich sehr vernünftig eingesetzte 1,50 Euro, was in etwa dem Preis einer Tageszeitung entspräche.

Kann ich am Etikett erkennen, dass es sich um ein hochwertiges Olivenöl handelt oder muss ich mich nach dem Preis richten?
Das Etikett sagt leider nichts über die Qualität eines Olivenöls aus!

Die derzeitige Gesetzgebung wird, wie wir gesehen haben, nur allzu oft unterlaufen, darüber hinaus erfordert sie von den Abfüllern ohnehin keine Angaben zum Gehalt an Antioxidantien, die für eine Einschätzung der organoleptischen und diätetischen Qualität vor dem Kauf unverzichtbar wären.

Ein wichtiges Detail, das sich immerhin auf einigen Etiketten finden lässt und zumindest Rückschlüsse auf die Frische des Öls zulässt, ist der Zeitpunkt der Ernte bzw. Herstellung. Das häufig genannte Abfülldatum dagegen besitzt keinerlei Aussagekraft. Fehlt die Angabe der Herstellung, muss man mit der Angabe des Mindesthaltbarkeitsdatums vorliebnehmen: In der Regel können Sie hier 18 Monate abziehen und erhalten dann ungefähr den Erntezeitraum der Oliven. MHD Juli 2013 bedeutet also: Die Oliven für das Öl wurden im Winter 2011/12 geerntet und gepresst. Dies ist wichtig, damit Sie sich kein Öl aus der vorletzten Ernte andrehen lassen!

Ist ein angegebener niedrigerer Säurewert ein Hinweis auf hohe Qualität?
Ein sehr niedriger Säuregehalt (< 0,3 Prozent), gemeint ist die Ölsäure oder die Summe der freien Fettsäuren, ist eine notwendige, allerdings bei weitem nicht ausreichende Bedingung für ein hochwertiges extra natives Olivenöl.

Der niedrige Säuregehalt eines Olivenöls lässt den Schluss zu, dass das Öl aus intakten, nicht überreifen Oliven hergestellt wurde. Allerdings sagt er weder etwas über die kulinarischen Eigenschaften – Aroma, Geschmack, Komplexität, Harmonie – noch über die diätetischen aus!

Ist ungefiltertes Öl besser als gefiltertes?
Das Filtern des Öls ist für die optimale Konservierung jedes extra nativen Öls unerlässlich, da ohne dieses Verfahren – erkennbar an der Trübheit und mangelnden Transparenz, die auf das vegetabile Wasser zurückzuführen ist – seine baldige Oxidation und damit Verschlechterung einsetzt.

Wie und wie lange kann ich Olivenöl aufbewahren?
Ganz gleich ob Flasche oder Dose: Bei einer dunklen Umgebung (Keller) sollte die Temperatur zwischen 15 und 20 °C liegen. Ein Weinklimaschrank wäre daher ideal.

Nur die an Polyphenolen besonders reichen Olivenöle (das heißt, die geschmacklich sehr intensiven) halten sich länger als ein Jahr (vom Zeitpunkt ihrer Herstellung an gerechnet). Und trotzdem geben viele Produzenten einen Zeitraum von zwei Jahren an!

Ich empfehle, ein angebrochenes Olivenöl innerhalb von 30 Tagen zu verbrauchen.

Kann ich ein gutes extra natives Olivenöl zum Braten oder Frittieren verwenden?
Je hochwertiger das Öl, das Sie verwenden, umso mehr kommt das Ihren Speisen zugute. Einziges Problem dabei: Die Antioxidantien im Olivenöl werden schon bei relativ niedrigen Temperaturen (> 30 °C) zerstört. Daher ist es ratsam, das Olivenöl nicht zu erhitzen, es »frisch« zu verwenden oder als Zugabe zu gegarten Speisen erst am Schluss, vor dem Servieren, über das Gericht zu träufeln. Wobei nichts dagegen spricht, ein gutes Öl zu verwenden, um Familie und Freunde mit einem phantastischen gebratenen oder frittierten Gericht zu überraschen!

ANHANG 3

ZUSAMMENFASSUNG DER GESUNDHEITLICHEN WIRKUNG (MIT BIBLIOGRAPHIE)

Die Auswirkungen des Verzehrs von Olivenöl auf die Gesundheit
Die in diesem Anhang enthaltenen Informationen basieren auf hunderten von wissenschaftlichen Untersuchungen, die vom IOC und anderen Institutionen zusammengestellt wurden. Es sei darauf hingewiesen, dass sich sämtliche Untersuchungen dem Verzehr von Olivenöl widmen und man davon ausgehen kann, dass zukünftige epidemiologische Studien, die auf dem Verzehr von extra nativem Olivenöl, oder besser noch, dem von extra nativem Olivenöl mit einem hohen Anteil an Antioxidantien basieren, zwangsläufig zu noch positiveren diätetischen Ergebnissen führen werden.

Kardiovaskuläre Erkrankungen
Kardiovaskuläre Erkrankungen sind weltweit die häufigste Todesursache. Die Hauptursache der Herz-Kreislauf-Probleme ist die Arteriosklerose, die Bildung von cholesterinreichen Plaques (Atherome) an den Wänden der Arterien, die die Blutzufuhr zu den Geweben und das ordnungsgemäße Funktionieren der lebenswichtigen Organe, wie Herz und Gehirn, verhindern. Zu den häufigsten Risiken gehören Angina pectoris, Herzinfarkte, die koronare Thrombose und deren Folgeerscheinungen.

Eine an tierischen Fetten reiche Ernährung führt zu einem erhöhten

Plasma-Cholesterinspiegel. Die Fette (Triglyceride) und das Cholesterin werden mit Lipoproteinen in der Blutbahn transportiert. Wenn diese von niedriger Dichte sind (VLDL und LDL), ist das Cholesterin atherogen (schlechtes Cholesterin) und erleichtert eine Schädigung der Gefäßwände. Im Gegensatz dazu schützt uns der an Lipoproteinen hoher Dichte (HDL) gebundene Anteil – das gute Cholesterin – und beseitigt das schlechte Cholesterin aus den Zellen und transportiert es durch Veresterung in die Leber, wo es in Gallensäuren umgewandelt und über die Gallenflüssigkeit ausgeschieden wird.

Die Arteriosklerose hängt auch mit genetischen Ursachen, Ernährungsgewohnheiten, Lebensstil und einigen Aspekten der wirtschaftlichen Entwicklung zusammen. Die wichtigsten Faktoren, die zu Arteriosklerose führen, sind die Erhöhung des Cholesterins im Blut, Bluthochdruck, Diabetes und der Tabakkonsum.

Zahlreiche wissenschaftliche Studien haben gezeigt, dass Olivenöl den LDL-Cholesterinspiegel (schlechtes Cholesterin) im Blut senkt und sogar den des HDL (gutes Cholesterin) erhöht und dass in erster Linie die darin enthaltenen Biophenole für diesen vorteilhaften Effekt verantwortlich sind. Die positiven Auswirkungen treten sowohl in der Primärprävention (Verringerung der Wahrscheinlichkeit von kardiovaskulären Erkrankungen) als auch in der Sekundärprävention (Vermeidung erneuter Vorfälle nach erfolgter Ersterkrankung) auf.

Tatsächlich verringert sich das relative Risiko eines Herzinfarkts bei Patienten mit besonders hohem Olivenölkonsum: Die weltweit niedrigsten Raten für koronare Sterblichkeit finden sich in Ländern, deren Bevölkerung als Nahrungsfett quasi ausschließlich Olivenöl verzehrt, zum Beispiel auf der Insel Kreta.

Krebs

Der Krebs ist grundsätzlich ein Tumor, eine exzessive Gewebeneubildung. Wenn ein Tumor lokal begrenzt wächst und nicht in benachbarte Gefäße oder fremde Gewebe eindringt, bezeichnet man ihn als gutartig. Im Gegensatz dazu durchdringen bösartige Tumore die Basalmembran umgebender Gewebe, gelangen häufig auch in die Blutbahn und das lymphatische System und bilden Tochtergeschwülste (Metastasen) in anderen Bereichen des Körpers.

Krebs ist die zweithäufigste Todesursache in den entwickelten Ländern, und sein Auftreten steigt mit der höheren Lebenserwartung. Mittlerweile steht die Beziehung zwischen ungesunder Ernährung und dem Auftreten maligner Tumore außer Zweifel. Der wichtigste Mechanismus ist, wie oben beschrieben, die zelluläre Oxidation. Die Krebsarten, die am deutlichsten in Beziehung zur Ernährung stehen, sind Darm-, Prostata- und Brustkrebs, die tatsächlich auch die häufigsten sind.

Verschiedene wissenschaftliche Studien haben die schützende Wirkung des Olivenöls gegen Krebserkrankungen des Dickdarms bzw. Kolons (Rückgang der Erkrankungsrate um durchschnittlich 25 Prozent) oder der Prostata, Bauchspeicheldrüse und Gebärmutterschleimhaut (Rückgang um 10 Prozent) aufgezeigt. Eine gemeinsame Untersuchung der Universitäten Harvard und Athen bestätigte jüngst seine schützende Rolle in Bezug auf den Brustkrebs (Rückgang um 15 Prozent).

Die schützende Wirkung des Olivenöls scheint in Zusammenhang mit seinen einfach ungesättigten und, wie wir gesehen haben, gegen die Lipidperoxidation sehr resistenten Fettsäuren und vor allem mit seinem Reichtum an Antioxidantien nicht-vitaminischen Ursprungs, das heißt Biophenolen, zu stehen.

Die Vorzüge des Olivenöls werden auch in diesem Fall durch seine Verwendung als Teil der Mittelmeer-Diät verstärkt, die zusätzliche Dosen von Ballaststoffen, Polyphenolen und antioxidativen Vitaminen liefert. Es sollte in diesem Zusammenhang beton werden, dass das Öl, gerade aus kulinarischer Perspektive, den Verzehr von Gemüsen und Hülsenfrüchten aufwertet.

Alterungsprozesse, senile Demenz, Alzheimer

Die in der Wissenschaft weitest verbreitete Theorie zur Erklärung des Alterungsprozesses ist die der durch freie Radikale ausgelöste Peroxidation in Verbindung mit der im Alter fortschreitenden Reduzierung unserer Produktion von Antioxidantien. Das Ergebnis ist eine Kette negativer Auswirkungen, die mit der Veränderung einiger wichtiger Neuro-Moleküle (Nukleinsäuren, Kollagen, Elastin), Enzyme oder der mehrfach ungesättigten Fettsäuren in der Zellmembran anhebt und zu einer irreversiblen Schädigung der DNA, der Membranen und anderer wichtiger Bestandteile der Zellen führt.

Auch hier ist der Reichtum des Olivenöls an Antioxidantien verantwortlich für seine therapeutischen Eigenschaften bezüglich vieler Krankheiten, die mit dem Alterungsprozess verbunden sind, einschließlich der Osteoporose (unzureichende Mineralisierung der Knochen, tritt häufig bei Frauen nach der Menopause und älteren Menschen auf) oder kognitive Beeinträchtigungen, wie etwa der Verlust des Gedächtnisses im Zusammenhang mit dem aufgrund des Alterns wachsenden Bedarf an einfach ungesättigten Fettsäuren. In die gleiche Richtung weisen auch andere Forschungen, die bewiesen haben, dass es einen klaren Zusammenhang zwischen dem Konsum von Olivenöl und der Reduktion von Demenz und Alzheimer gibt.[1]

Arterielle Hypertonie

Verschiedene Studien haben die enge Beziehung zwischen Ernährung und Blutdruck festgestellt. Bestimmte Lebensmittel können den Blutdruck erhöhen, unabhängig von ihrer Wirkung auf das Körpergewicht.

Diese Erhöhung des Blutdrucks ist auch unter dem Begriff Hypertonie bekannt. Man spricht von Hypertonie, wenn der Druck in den Arterien dauerhaft den Wert von 140/90 mmHg[2] überschreitet. Es handelt sich hierbei um einen der wichtigsten koronaren Risikofaktoren für die Entstehung von Arteriosklerose – zusammen mit den erhöhten Cholesterinwerten, dem Tabakkonsum, der Fettleibigkeit und dem Diabetes mellitus, eines der größten gesundheitlichen Probleme in den westlichen Industrienationen.

Bluthochdruck steht wie andere Risikofaktoren in Verbindung mit den Lebensgewohnheiten. Jeder vierte Erwachsene leidet an Bluthochdruck, was das Risiko eines vorzeitigen Todes aufgrund der schädigenden Wirkung auf die Arterien, insbesondere jene, die das Herz, die Niere, das Gehirn und die Augen versorgen, erhöht.

Obwohl noch nicht mit letzter Sicherheit festgestellt werden konnte, welche Elemente genau für den gefäßerweiternden Effekt der mediterranen Diät verantwortlich sind, konnte gezeigt werden, dass eine regelmäßige Zugabe von Olivenöl zu einer ansonsten in keiner Weise veränderten Ernährung, eine deutlich reduzierende Wirkung sowohl auf den systolischen als auch den diastolischen Blutdruck ausüben kann. Fer-

1 Die Verhinderung dieser Krankheiten scheint in direktem Zusammenhang mit dem Gehalt von Oleocanthal im extra nativen Olivenöl zu stehen, das vermutlich in irgendeiner Weise an der Zerstörung des sogenannten ADDL (Amyloid beta-derived diffusible ligand), eines toxisch wirkenden Proteins, beteiligt ist.

2 Die Blutdruckmessung umfasst immer zwei Werte, den systolischen Blutdruck (Anspannungs- und Austreibungsphase) und den diastolischen Blutdruck (Entspannungs- und Füllungsphase.

ner wurde festgestellt, dass die Einnahme von Olivenöl dabei hilft, bei Patienten mit Bluthochdruck die tägliche Dosis von Antihypertensiva zu senken. Die Ursache hierfür ist höchstwahrscheinlich die Reduktion von Stickstoffmonoxid im Blut durch die Biophenole im Olivenöl.

Diabetes

Diabetes mellitus ist eines der großen gesundheitlichen Probleme entwickelter Industrienationen und steht derzeit an sechster Stelle der häufigsten Todesursachen. Es handelt sich hierbei um eine sehr ernste, potenziell sehr gefährliche Stoffwechselerkrankung, die zu verschiedensten Komplikationen führt, die sich dramatisch auf die Gesundheit auswirken, wie etwa Herz-Kreislauf-Erkrankungen, Nierenversagen, Erblindung, peripheren Durchblutungsstörungen und weitere mehr.

Es gibt zwei Varianten dieser Krankheit: Diabetes Typ I (immunvermittelt oder idiopathisch mit üblicherweise absolutem Insulinmangel), der bei Kindern und Jugendlichen auftritt, und Diabetes Typ II (Insulinresistenz und Hyperinsulinismus in unterschiedlicher Kombination, die zu Sekretionsstörungen und relativem Insulinmangel führen), wie er im Erwachsenenalter, in der Regel nach dem 40. Lebensjahr auftritt. Bei der ersten Variante muss dem Körper Insulin zugeführt werden, während die zweite, häufigere, in der Regel im Zusammenhang mit Adipositas steht und normalerweise keine Behandlung mit Insulin erfordert. Momentan gilt ein Mensch als an Diabetes erkrankt, wenn mindestens zweimal ein definiert erhöhter Blutzuckerwert ≥ 126mg/dl (Nüchternblutzucker) vorliegt.

Die Glukoseintoleranz (abnorme Nüchternglukose) ist bei einem Nüchternblutzuckerwert von 110–125 mg/dl gegeben, sie birgt das große Risiko der Möglichkeit einer zukünftigen Diabeteserkrankung.

Es hat sich gezeigt, dass eine an Olivenöl reiche Ernährung, die arm an gesättigten Fettsäuren und von mäßig hohem Gehalt an Kohlenhydraten und löslichen Ballaststoffen (aus Obst, Gemüse, Hülsenfrüchten und Getreide) ist, der effektivste diätetische Ansatz für Diabetespatienten ist. Nicht nur reduziert sich dadurch die Konzentration der atherogenen Lipoproteine(LDL), sondern verbessert sich auch der Blutzuckerwert und erhöht sich die Insulinempfindlichkeit. Diese Vorteile fanden sich sowohl beim Diabetes Typ I als auch bei Typ II.

Fettleibigkeit
Die Fettleibigkeit (Adipositas) ist vor allem in westlichen Industrienationen ein bedeutendes und wachsendes Gesundheitsproblem – verursacht durch übermäßige Nahrungsaufnahme und ein Defizit an körperlicher Ertüchtigung (und andere sozio-kulturelle Faktoren) –, das vor allem in großen Städten auftritt. In einigen Industrieländern ist mehr als die Hälfte der Bevölkerung übergewichtig, was das Risiko von Bluthochdruck und Diabetes erhöht, ebenso das erhöhter Cholesterin- und Triglyceridwerte, was wiederum das Risiko von Herz-Kreislauf-Erkrankungen beträchtlich steigen läßt.

Fettleibigkeit und Übergewicht sind Zustände, in denen die Energiereserven, hauptsächlich in Form von Fett, ein übertriebenes Maß angenommen haben und das Verhältnis zwischen Energiezufuhr und Energiebedarf entscheidend gestört ist, da über die Ernährung mehr Energie zugeführt, als verbraucht wird. Dies lässt sich leicht durch einen im Vergleich zum Energiebedarf erhöhten Energieverbrauch (körperliche Aktivität, Grundumsatz, etc.) korrigieren.

Eine gute Ernährungsweise zur Reduzierung des Gewichts sollte:

- weniger Energie als benötigt bereitstellen
- alle wichtigen Nährstoffe in adäquatem Verhältnis liefern
- ansprechend und erschwinglich sein

Olivenöl ist ein Nährstoff von hoher biologischer Wertigkeit, reich an Kalorien wie alle anderen Fette auch (9 kcal pro Gramm), woraus man schließen könnte, dass sein Verzehr erst recht die Fettleibigkeit fördern könnte. Die Erfahrung zeigt jedoch, dass ausgerechnet die Mittelmeerbevölkerung, die mehr als alle anderen Olivenöl konsumieren, diejenigen sind, die am wenigsten an Übergewicht leiden.

Vergleichende Untersuchungen mit einer an Fetten armen Ernährungsweise haben gezeigt, dass nicht nur die Gewichtsabnahme größer ist, sondern diese auch im Gegensatz zu einer Ernährungsweise, bei der Olivenöl nicht auf dem Speiseplan steht, länger anhält. Noch dazu ist eine Küche mit Olivenöl wesentlich abwechslungsreicher und fördert nicht nur durch seinen angenehmen Geschmack den Verzehr von Fisch und Gemüse.

Das Immunsystem

Das Immunsystem ist für den Schutz des Individuums vor jeglichen Fremdkörpern (Toxine, Mikroorganismen, Parasiten, neoplastische Prozesse, etc.) mittels zweier unterschiedlicher Verteidigungsmechanismen verantwortlich: Es wurde wissenschaftlich gezeigt, dass die Fettsäuren des extra nativen Olivenöls eine wichtige Rolle im Immunsystem spielen und dass ihr Verzehr es deutlich gegen externe Angriffe von Mikroorganismen wie Bakterien oder Viren stärkt.

Arthritis

Rheumatoide Arthritis ist eine entzündliche Autoimmunerkrankung der Gelenke, deren Ursachen bislang weitgehend ungeklärt sind. Die Gene, infektiöse Erreger, Hormone sowie Ernährung werden als mögliche Ursachen der Entstehung dieser Krankheit angenommen. Einige Studien haben bereits nahegelegt, dass das Olivenöl helfen könnte, die Symptome der Krankheit zu lindern, die Forschung konnte bisher diesen protektiven Effekt allerdings nicht bestätigen. Jedoch deuten die Ergebnisse einer kürzlich veröffentlichten Studie darauf hin, dass der regelmäßige Verzehr von extra nativem Olivenöl das Risiko der Entstehung der rheumatoiden Arthritis zu reduzieren vermag.

Laut den Autoren dieser Studie lag bei den Probanden, deren Ernährung ein hohes Maß dieses Öls enthielt, das Risiko, an rheumatoider Arthritis zu erkranken, deutlich niedriger. Tatsächlich konnte man feststellen, dass Personen, die weniger extra natives Olivenöl zu sich genommen hatten, eine zweieinhalb Mal größere Wahrscheinlichkeit aufwiesen, an rheumatoider Arthritis zu erkranken, als diejenigen, die das Olivenöl regelmäßig zu sich nahmen. Obwohl die genaue Wirkungsweise noch nicht bekannt ist, scheint sie doch in Verbindung mit den Antioxidantien im Olivenöl zu stehen.

Der Verdauungsapparat

Mit der Einnahme über den Mund wirkt sich das Olivenöl in verschiedener Weise auf den Verdauungstrakt aus. Hippokrates und andere antike Ärzte rieten zu seiner Verwendung bei verschiedenen Verdauungsstörungen und schrieben dem Olivenöl eine Reihe von Qualitäten zu, die derzeit durch mehrere epidemiologische Studien und zahlreiche wissenschaftliche Erhebungen bestätigt werden.

Das Olivenöl hemmt teilweise Magenmotilität und verringert so den

Zufluss des Mageninhalts aus dem Magen in den Zwölffingerdarm. Auf diese Weise erhöht sich das Sättigungsgefühl, was wiederum sowohl die Verdauung als auch die Nährstoffaufnahme im Darm begünstigt.

Das hepatobiliäre System
Als besonderer Effekt auf das Leber-Galle-System muss die Wirkung des Olivenöls als Kollagen hervorgehoben werden: Es sorgt für eine optimale biliäre Drainage mit vollständiger Entleerung der Gallenblase und ist dank seines sogenannten cholezystokinetischen Wirkprinzips sehr nützlich für die Behandlung und Vorbeugung von Veränderungen der Gallengänge. Darüber hinaus stimuliert es die Synthese von Gallensäuren in der Leber und erhöht die hepatische Ausscheidung von Cholesterin. Seine Wirksamkeit auf den Tonus und die Aktivität der Gallenblase fördert die Fettverdauung und verhindert die Entwicklung von Gallensteinen.

Es konnte auch bewiesen werden, dass sich die Antioxidantien und Vitamine des Olivenöls positiv auf die Hepatozyten von an chronischem Alkoholismus leidenden Patienten auswirken, indem sie den oxidativen Stress reduzieren und ihr Absterben verhindern.

Die Bauchspeicheldrüse
Das extra native Olivenöl bewirkt eine relativ geringe Pankreassekretion, die aber hoch genug ist, um ihre für die Verdauung wichtigen Funktionen zu aktivieren. Der Verzehr von Olivenöl ist für die Aufrechterhaltung der Funktion der Bauchspeicheldrüse bei Patienten mit Pankreasinsuffizienz, chronischer Pankreatitis, Mukoviszidose, Malabsorption, etc. empfohlen.

Darmfunktion
Das extra native Olivenöl verhindert dank seines β-Sitosterol-Gehalts in Teilen die Aufnahme von Cholesterin im Dünndarm und begünstigt die Aufnahme verschiedener Nährstoffe wie Kalzium, Eisen und Magnesium sowie die vollständige Verdauung der Nahrung. Es übt auch eine sanft laxative Wirkung aus, die Verstopfung und Mundgeruch vermindert.

Schwangerschaft
Extra natives Olivenöl während der Schwangerschaft hat eine Schlüsselrolle. Wie bewiesen werden konnte, weisen Kinder, deren Mütter während der Schwangerschaft Olivenöl zu sich genommen hatten, eine fortgeschrittenere postnatale Entwicklung in puncto Größe, Gewicht, Verhalten und Erwerb psychomotorischer Reflexe auf. Der Fötus braucht Vitamin E für sein Wachstum und auch zu Beginn seines extrauterinen Lebens: Nach der Entbindung befindet sich das Baby in einer Sauerstoffatmosphäre und muss gegen den oxidativen Stress in dieser neuen Situation und Umgebung kämpfen. Das extra native Olivenöl liefert diese notwendigen Reserven an Vitamin E und Antioxidantien, die das Neugeborene benötigt.

Stillen und Wachstum
Das extra native Olivenöl liefert eine ausreichend hohe Dosis an für die Entwicklung des Babys essenziellen Fettsäuren, die dort interessanterweise in ähnlichem Verhältnis wie in der Muttermilch auftreten. Die vorteilhafte Wirkung der Ölsäure erstreckt sich somit über die Schwangerschaft hinaus.

Zusätzlich zu den bei der Prävention von Hypercholesterinämie und der Arteriosklerose, einem Prozess, der schon in der Kindheit beginnen kann, als wirksam erwiesenen Eigenschaften, scheint die Ölsäure eine positive Wirkung von Kindheit an auf das Wachstum, die Mineralisierung und Entwicklung der Knochen zu haben.

Die Haut
Beim Menschen führt der Alterungsprozess zu progressiven strukturellen und funktionellen Schäden der Haut. Die Ausdünnung der Dermis und Epidermis, die sogenannte Elastose, die Abflachung der dermo-epidermalen Junktionszone, die Fibrose des Kollagens und der Verlust der Verteidigungs- und Regenerationsfähigkeit sind die wichtigsten Veränderungen, denen das Hautgewebe unterworfen ist.

Einige externe Faktoren wie etwa die Sonneneinstrahlung verursachen eine beschleunigte Alterung der Haut durch die Erzeugung freier Radikalen. Obwohl die Zellen in der Lage sind, deren Wirkung bis zu einem gewissen Grad zu neutralisieren, ist es wünschenswert, das Risiko einer Zellschädigung durch den Einsatz von Inhibitoren zu reduzieren. Einer dieser natürlichen Inhibitoren ist das extra native Olivenöl, das, wie die Muttermilch, ein der menschlichen Haut sehr ähnliches Lipid-Profil besitzt.

Das extra native Olivenöl hoher Qualität bietet, zusätzlich zu seinen Biophenolen, eine gute Dosis an Vitamin E, der Hauptquelle zum Schutz gegen freie Radikale, die die zelluläre Oxidation sowie die der Vitamine A, D und K verursachen. Das extra native Olivenöl ist daher ein hervorragendes begleitendes Hilfsmittel zur Behandlung von dermatologischen Störungen wie Akne, Psoriasis und seborrhoischen Ekzemen.

Anmerkung: Es wurde angeregt, dem extra nativen Olivenöl aufgrund seiner antioxidativen Wirkung eine vorrangige Stellung bei der Prävention von kontinuierlichen Oxidationsprozessen einzuräumen, den Hauptursachen für die Entwicklung bestimmter Formen von Hautkrebs. Es wurden jüngst Studien mit Vitamin E begonnen, allerdings bedürfen diese einer Beobachtung über längere Zeit, und daher liegt noch kein schlüssiges Datenmaterial vor. Allerdings scheint sich die Theorie zu bewahrheiten, dass die Ölsäure eine wichtige Rolle bei der Eindämmung kontinuierlicher Oxidation spielt. Eine recht aktuelle Studie[3] unter der Leitung von Vicente García Villarrubia zeigte, dass der zweimonatige Verzehr einer Mischung extra nativer Bio-Olivenöle (oHo ®) in einer Gruppe von sechs Patienten (davon drei Kinder), die an einer atopischen Dermatitis (einer Hautkrankheit, die mehr als 15 Prozent der Kinder in den entwickelten Ländern betrifft) unterschiedlicher Schwere litten, zu einem vollständigen Rückgang der Erkrankung bei fünf der sechs Patienten und zu einem 75prozentigen Rückgang bei dem sechsten Patienten, einem besonders schweren Fall, führte.

DAS EXTRA NATIVE OLIVENÖL ALS KOSMETIKUM

Sowohl Kleopatra, die für ihre Schönheit und Verführungskunst berühmte ägyptische Königin, als auch Sophia Loren, jene Schauspielerin, die einen Pakt ewiger Jugend mit dem Teufel geschlossen zu haben scheint, gehören zu den Tausenden von Frauen oder Männern, berühmt oder unbekannt, die seit über fünf Jahrtau-

3 Villarrubia V. G. u.a.: *Piel y lípidos, dermatitis atópica y aceites de oliva.* In: Más Dermatología, 7, 2009, S. 16–19.

senden Olivenöl als Kosmetik für die Haut oder das Haar verwendet haben – dem Beispiel der mythischen Göttin der Schönheit, Venus, folgend, die sich von Kopf bis Fuß mit nach Rosen duftendem Olivenöl salbte, um die um sie werbenden Götter oder Sterblichen zu verführen.

Der Grund, warum extra natives Olivenöl heute weniger verwendet wird – obwohl seit kurzer Zeit eine zunehmende Zahl von Kosmetikunternehmen oder Gesundheitszentren genau dies anbieten –, ist wahrscheinlich die im Vergleich zu anderen Kosmetika, insbesondere leichten, rasch spurlos einziehenden Cremes, langsamere Resorption durch die Haut.

Die Technologie hat sich dieses Problems durch den Einsatz von Ester-, Paraffin- und flüchtigen Silikonölen angenommen, um trockene Öle, die in Sekunden aufgenommen werden können, herzustellen, die einen leicht glänzenden und duftenden Film hinterlassen. Leider reduziert dies den Anteil des extra nativen Olivenöls beträchtlich, meist bleibt er unter 3 Prozent.

Wie wir im vorigen Abschnitt gesehen haben, regenerieren sich durch den Einsatz von Olivenöl sowohl Kollagen als auch Elastin, zwei Schlüsselelemente, die der Haut ihre Jugend und Geschmeidigkeit erhalten, bei gleichzeitigem Schutz vor der durch die freien Radikale verursachten Oxidation, die besonders intensiv in der verschmutzten Atmosphäre der Großstädte ausfällt.

Diese positiven Effekte werden sich zweifellos mit der Verwendung der neuen Generation von extra nativen Olivenölen mit einem hohen Anteil an Antioxidantien in der Kosmetik vervielfachen, zumal diese deutlich weniger fettige Aromen und Texturen bieten als die Produkte, die derzeit auf dem Markt erhältlich sind.

Es ist daher sehr wahrscheinlich, dass im Laufe des 21. Jahrhunderts extra natives Olivenöl zu einem gewissen Grad wieder jene Rolle einnehmen wird, die es Jahrtausende in der Welt der Kosmetik und Schönheitspflege innehatte.

Depression
Eine gemeinsame epidemiologische Untersuchung der Universitäten von Las Palmas (Kanarische Inseln) und Navarra, die in der Zeitschrift der American Medical Association (Oktober 2009) veröffentlicht wurde, eröffnet neue psychotherapeutische Perspektiven für die mediterrane Diät und das extra native Olivenöl.

Nach dem vier Jahre dauernden Studium einer Gruppe mit mehr als 10 000 Studenten fanden Forscher heraus, dass diejenigen, deren Ernährung sich im Einklang mit der mediterranen Diät befand, zu 30 Prozent weniger unter Depressionen litten. Laut Dr. Cecilia D'Felice, einer an der Untersuchung beteiligten Psychologin, mehren sich die Beweise für die Bedeutung der Ernährung bei der Behandlung von Depressionen. Sie fügte hinzu, dass es klinisch erwiesen sei, dass eine an Olivenöl reiche Ernährung den Serotoninspiegel (wichtiger Botenstoff) im Gehirn erhöht. Die Wirkung der meisten aktuellen Antidepressiva beruht auf genau dieser Erhöhung des Serotoninspiegels.

Olivenöl und Gesundheit: Bibliographie der verwendeten wissenschaftlichen Untersuchungen und Artikel

Solanas M.: *Effects of a high olive oil diet on the clinical behavior and histopathological features of rat DMBA-induced mammary tumors compared with a high corn oil diet.* In: International Journal of Oncology, Oktober 2002, 21(4), S. 745–53.

Trichopoulou A., Lagiou P., Kuper H., Trichopoulos D.: *Cancer and Mediterranean dietary traditions.* In: Cancer Epidemiology, Biomarkers & Prevention, Athen September 2000, 9(9), S. 869–73.

Owen R. W., Giacosa A., Hull W. E. u.a.: *The antioxidant/anticancer potential of phenolic compounds isolated from olive oil.* In: European Journal of Cancer, England Juni 2000, 36(10), S. 1235–47.

Hill, M. J.: *Mechanisms of diet and colon carcinogenesis,* In: European Journal of Cancer Prevention, England Dezember 1999, 9 Suppl. 1, S. 95–98.

Gandini S., Merzenich H., Robertson C. u.a.: *Meta-analysis of studies on breast cancer risk and diet the role of fruit and vegetable consumption and the intake of associated micronutrients.* In: European Journal of Cancer, England März 2000, 36(5), S. 636–46.

McKeown N.: *Antioxidants and breast cancer,* In: Nutrition Reviews, USA Oktober 1999, 57 (10), S. 321–4.

Favero A., Parpinel M., Franceschi S.: *Diet and risk of breast cancer. Major findings from an Italian case control study.* In: Biomedicine & Pharmacotherapy, Frankreich 1998, 52(3), S. 109–15.

Stoneham M., Goldacre M., Seagroatt V., Gill L.: *Olive oil, diet and colonrectal cancer. An ecological study and a hypothesis.* In: Journal of Epidemiology and Community Health, Oktober 2000, 54 (10), S. 756–60.

Owen R. W., Giacosa A., Hull W. E., Haubner R., Spiegelhalder B., Bartsch H.: *The antioxidant/anticancer potential of phenolic compounds isolated from olive oil.* In: European Journal of Cancer, Juni 2000, 36(10), S. 1235–47.

Trichopoulous A., Katsouyanni K., Stuver S., Tzala L., Grlardellis C., Trichopolous D.: *Consumption of olive oil and specific food groups in relation to breast cancer risk in Greece.* In: Journal of the National Cancer Institute, Januar 1995, 87(2), S. 110–16.

Fito M., Covas M. I., Lamuela-Raventos R. M., Vila J., de la Torre C.: *Olive oil and inhibition of low density lipoprotein oxidation. Role of phenolic compounds.* In: Medicina Clínica (Medizinische Fakultät Barcelona), Juli 2000, 115(5), S. 166–9.

Martínez-Domínguez E., de la Puerta R., Ruiz-Gutiérrez V.: *Protective effects upon experimental inflammation models of a polyphenol-supplemented virgin olive oil diet.* In: Inflammation Research. Sevilla Februar 2001, 50(2), S. 102–6.

Visioli F., Caruso D., Plasmati E., Patelli R., Mulinacci N., Romani A., Galli G., Galli C.: *Hydroxytyrosol, as a Component of Olive Mill Waste Water, is Dose- Dependently Absorbed and Increases the Antioxidant Capacity of Rat Plasma.* In: Free Radical Research. Mailand März 2001, 34(3), S. 301–305.

López-Miranda J., Gómez P., Castro P., Marín C., Paz E., Dolores Bravo M., Blanco J., Jiménez-Perepérez J., Fuentes F., Pérez-Jiménez F.: *Mediterranean diet improves low density lipoprotein susceptibility to oxidative modifications.* In: Medicina Clínica (Medizi-

nische Fakultät Barcelona), September 2000, 115(10), S. 361–365. Unidad de Lipidos y Arteriosclerosis. Hospital Alto Guadalquivir. Andujar. Jaen.
Lee A., Thurnham D. I., Chopra M.: *Consumption of tomato products with olive oil but not sunflower oil increases the antioxidant activity of plasma.* In: Free Radical Biology and Medicine, Nordirland November 2000, 29(10), S. 1051–5.
Visioli F., Galli C., Plasmati E., Viappiani S., Hernandez A., Colombo C., Sala A.: *Olive phenol hydroxytyrosol prevents passive smoking-induced oxidative stress.* In: Circulation, Mailand Oktober 2000, 102(18), S. 2169–71.
Owen R. W., Mier W., Giacosa A. u. a.: *Phenolic compounds and squalene in olive oils. the concentration and antioxidant potential of total phenols, simple phenols, secoiridoids, lignansand squalene.* In: Food and Chemical Toxicology, England August 2000, 38(8), S. 647–59.
Middleton E. Jr., Kandaswami C., Theoharides T. C.: *The effects of plant flavonoids on mammalian cells: implications for inflammation, heartdisease, and cancer.* In: Pharmacol Rev., Maryland Dezember 2000, 52(4), S. 673–751.
Visioli F., Galli C.: *Antiatherogenic Components of Olive oil.* In: Current Atherosclerosis Reports, Januar 2001, 3(1), S. 64–67.
Robertson R. M., Smaha L.: *Can a Mediterranean-Style Diet Reduce Heart Disease?* In: Circulation, April 2001, S. 1821–22.
Voelker R.: *Mediterranean Diet After MI (Myocardial Infarction, or Heart Attack).* In: Journal of the American Medical Association, Dezember 2000, S. 2863–71.
Brody J. E.: *Savory Diet That's Good for Heart? Let's Eat.* In: The New York Times, 23. März 1999.

Bildnachweis:

Alexandra Kicenik Devarenne: Seite 95 CanStockPhoto: Seite 34 Colección PMG: Seite 20, 21, 24, 38, 39, 41, 42, 168 Fernando Caruncho: Seite 125 Ferran Adrià: Seite 174 Inoue Seikouen: Seite 98 Janinne Girod: Seite 18 Olearia San Giorgio, Kalabrien: Seite 117 Pepe Botella: Seite 8, 9, 13, 19, 29, 32, 46, 65, 209 Pieralisi S.P.A.: Seite 152, 153, 154, 155, 156, 157 Shutterstock Images: Seite 57, 60, 84, 85, 86, 87, 128 The Trustees of the British Museum: Seite 62 Torre Bianca: Seite 89 123rf: Seite 83

Autor und Verlag haben sich bemüht, die Rechteinhaber der einzelnen Abbildungen ausfindig zu machen. Für Hinweise bei eventuell fehlerhaften oder fehlenden Angaben sind wir dankbar.